ISBN 978-3-9819346-8-7

Bibliografische Information der Deutschen Nationalbibliothek:
Die Deutsche Nationalbibliothek verzeichnet diese Publikation in der Deutschen Nationalbibliografie; detaillierte bibliografische Daten sind im Internet über http://dnb.d-nb.de abrufbar.

Matthias Kindler und Tobias Wannieck
Mauerkircherstr. 2
D 81679 München

www.matthiaskindler.com
www.wannieck.com

1. Auflage 2021

Gesetzt aus der Pensum Pro; typemates.com
Umschlagfoto: iStockphoto
Fotos Inhalt: Matthias Kindler, Autorenporträt: Michael Namberger, berg12.de
Satz, Illustration und Herstellung: Werner Kipfstuhl
Korrektorat: Lektorats- und Medientextbüro Christa Melli

Printed in Germany

Außerdem von Matthias Kindler erhältlich:
„Mit Currywurst auf Haifischfang? 12 steinerne Regeln für wirkungsvolle Events"
„Don't Catch Sharks with Hot Dogs! 12 Proven Principles for Impactful Events"

ISBN 978-3-00-054780-5
ISBN 978-3-9819346-9-4

MATTHIAS KINDLER
TOBIAS WANNIECK

TOFU FÜR KANNIBALEN?

IN 10 SCHRITTEN ZU ERFOLGREICHEN EVENTKONZEPTEN

MIT 16 PRAKTISCHEN DIY-ÜBUNGEN

Es geht a

ch anders.

ÜBER DIESES BUCH. UND ÜBER EIN VERSPRECHEN.

Jedes unserer Bücher beginnt mit einem Versprechen. Das ist eine Tradition, die sich bewährt hat. Gleich auf der ersten Seite erfahren Sie, warum Sie dieses Buch lesen sollten. Sie erfahren, was wir Ihnen anbieten, wie Sie davon profitieren und was Sie ganz konkret für Ihre tägliche Arbeit mitnehmen.

In unserem ersten Buch „Mit Currywurst auf Haifischfang“ liest sich das so: „Dieses Buch erklärt Ihnen, warum Events mehr sind als die Aneinanderreihung von logistischen Elementen. Dieses Buch handelt davon, wie Sie Events besser, wirkungsvoller und nachhaltiger machen. Es ist Ihre Anleitung zum Umdenken.“

Und am Ende jenes Buches haben wir schon einen Ausblick auf dieses Buch gegeben, das Sie nun in den Händen halten. Wir schrieben: „Tofu für Kannibalen?“ (so schon damals der Arbeitstitel) erklärt den kreativen Prozess, der zu wirkungsvollen und kreativen Eventkonzepten führt. Es ist ein Buch voller Tipps, Tricks und Inspiration.

Das ist ein gutes Versprechen, oder? Gemeinsam betrachten wir in diesem Buch also den kreativen Prozess, erklären ihn im Detail, machen transparent, wie man planbar auf Ideen kommt, aus denen wiederum wirkungsvolle Eventkonzepte entstehen. Alles sowohl theoretisch fundiert als auch in der Praxis erprobt und bewährt. Relevantes Wissen und bewährte Methoden, inklusive unserer Erfahrung aus über 700 Projekten. Und das alles in bekannter Manier – unterhaltsam und verständlich geschrieben, mit Lesespaß und Erkenntnisgewinn.

Hier also ganz konkret unser Versprechen: Nach der Lektüre dieses Buches sind Sie in der Lage, für jedes Event - ob klein oder groß, analog, digital oder hybrid, mit enormem Budget oder ohne, für interne oder externe Zielgruppen - verlässlich gute Eventkonzepte zu erdenken. Und zwar unabhängig davon, ob Sie dieses Event zum ersten Mal planen oder sich seit Jahren immer wieder damit beschäftigen.

Das versprechen wir. Und Sie versprechen im Gegenzug, dass Sie uns schreiben[1] und berichten, was Ihnen in diesem Buch am meisten geholfen hat, wo Sie geschmunzelt haben und an welcher Stelle Sie sich noch mehr Hilfe, Erklärungen oder Beispiele gewünscht hätten.

1 Zum Beispiel an: dasbuch@matthiaskindler.com

So, und nun ohne weitere Vorrede zur Sache. Auf der nächsten Seite beginnen wir direkt mit der „1-Million-Euro-Frage".

Wir wünschen Ihnen viel Freude und Erfolg mit diesem Buch.

Herzlich,

Ihr Matthias Kindler und Ihr Tobias Wannieck

PS: Von der „Currywurst" werden Sie noch öfters hören. Viel von dem, was wir erläutern, basiert auf Wissen und Erkenntnissen, die wir in unserem ersten Buch im Detail vermittelt haben. Selbstverständlich können Sie das vorliegende Buch lesen und von ihm profitieren, ohne „Teil I" zu kennen. An den Stellen, wo es nötig ist, wiederholen wir ganz kurz und prägnant, auf welche Kapitel und Insights wir uns beziehen. Also keine Sorge. Aber natürlich können wir Ihnen nur empfehlen, unser erstes Buch „Mit Currywurst auf Haifischfang. 12 steinerne Regeln für wirkungsvolle Events" ergänzend zu diesem hier zu lesen.[2] Es ist übrigens auch auf Englisch erhältlich.[3]

2 Im Buchhandel ISBN 978-3-00-054780-5, oder wenn es sein muss, über Amazon oder am liebsten direkt https://matthiaskindler.com/buch-bestellen/

3 Und auf Englisch: „Don't Catch Sharks with Hot Dogs!" ISBN 978-3-9819346-9-4

01

DIE ERSTE FRAGE.

Die erste Frage.

Vorhang auf. Das erste Kapitel konfrontiert Sie mit einer Frage, die kaum jemand fragt. Und erklärt, warum das problematisch ist. Sie erfahren, warum Eventerfolg von Gästen, Verantwortlichen und Chefs völlig anders definiert wird. Und Sie werden sehen, wer am Ende recht hat. Anschließend lernen Sie Herrn Maslow von seiner besten Seite kennen und werden staunen, was Events mit Selbstverwirklichung zu tun haben.

DIE ERSTE FRAGE.
WAS IST EIGENTLICH EIN ERFOLGREICHES EVENT?

Eine ganz einfache Frage, oder? Naheliegend, logisch, zwingend. War das Event erfolgreich? Oder anders gefragt: War es gut? Hat es funktioniert, hat es den Gästen gefallen? Fragen, die sich jeder stellt. Der Auftraggeber (der das Event bezahlt), der Eventmanager (der es verantwortet) und der Gast (der das Event erlebt beziehungsweise im schlimmsten Fall über sich ergehen lassen muss).

Machen wir die Praxisprobe. Was ist ein erfolgreiches Event, liebe Eventmanager? Beginnen wir bei Ihnen, denn Sie haben von allen am meisten damit zu tun. Was ist die wahrscheinlichste Antwort? Nach der Erfahrung aus Hunderten von Seminaren mit Tausenden von Teilnehmern vermutlich etwas in dieser Richtung: „Wenn alles reibungslos geklappt hat und nichts schiefgelaufen ist." „Erfolgreich ist ein Event, wenn es den Gästen gefallen hat und sie zufrieden nach Hause gegangen sind."

Stimmen Sie zu? Möchten Sie noch etwas ergänzen? Ja, vielleicht dies: „Und das alles haben wir in Nullkommanix (übersetzt heißt das: mit absurd kurzem Vorlauf) organisiert. Darauf sind wir sehr stolz, für uns war das ein großer Erfolg."

Gut, was sagen Sie, verehrter Gast[1]? War das erfolgreich und wenn ja, warum? Wahrscheinlichste Antwort: „Das war bestimmt erfolgreich, es war ein schöner Abend, ich habe nette Menschen getroffen, Location und Entertainment waren klasse. Und gezogen hat es in der großen Halle zum Glück auch nicht."

Danke, und jetzt Sie, verehrter Auftraggeber. Aus Ihrer Sicht – erfolgreich? „Absolut! Wir mussten die Gäste quasi rauswerfen, so lange haben die an der Bar gestanden. Super, da konnte unser Vertrieb tolle Gespräche führen. Und übrigens, im Budget geblieben sind wir auch."

Na, dann war das doch ein voller Erfolg. Satte, gut unterhaltene Gäste, die sich mit netten Menschen angeregt unterhalten haben. Ein Auftraggeber, dessen Budget nicht überschritten wurde und der seiner Verkaufsmannschaft zugute hält, sogar nachts unter vollem Promilleeinsatz Kaufabschlüsse

1 Treue Leser oder Teilnehmer unserer Masterclass kennen das. Wir nennen Eventbesucher gerne „Gäste". Entsprechend fühlen wir uns als Gastgeber, mit all seinen Rechten und Pflichten. Sie können gerne auch Zielgruppen oder Eventbesucher sagen. Wir finden „Gast" schöner, da weiß man nämlich gleich, was man zu tun hat. Oder?

forciert zu haben. Dazu ein Eventmanager, dem wieder mal ein Stein vom Herzen gefallen ist, weil er (oder viel besser „sie")[2] das Event – wie immer – in viel zu kurzer Zeit mit viel zu wenig Geld gut über die Bühne gebracht hat.

Sie ahnen – so leicht kommen uns die drei Befragten nicht davon. Nicht ohne Grund haben wir in der Einleitung von der „1-Million-Euro-Frage" gesprochen. Die Frage nach dem Erfolg ist alles andere als trivial – und korrekt beantwortet wird sie eher selten. Dabei ist das enorm wichtig und, wie Sie im Laufe des Buches sehen werden, der Grundstein für erfolgreiche Konzepte. Erfolg und Kreativität? Wie soll denn das zusammengehen? Warten Sie ab.

Unterschiedliche Sichtweisen auf den Event-Erfolg

2 Liebe Leserin, lieber Leser, es mag altmodisch erscheinen, aber wir werden hier nicht „gendern". Das sieht nicht nur furchtbar aus, sondern ist auch zeitlich herausfordernd. Lesen Sie bitte mal: Sehr geehrte Corporate Eventmanager, sehr geehrte Corporate Eventmanagerinnen. Fakt ist, Eventmanagerinnen sind oft die besseren Eventmanager. Gemeint und wertgeschätzt werden von uns alle. Auch ohne *, -innen oder Binnen-I.

Beginnen wir mit Erfolg als Resultat von gutem Essen oder kurzweiligem Entertainment. Nein, das hat mit dem Erfolg eines Events wenig zu tun. Es ist höchstens so eine Art Fundament, eine Basis für andere Dinge, die auf ihm stattfinden. So wie der bequeme Kinosessel, auf dem man es auch bei Überlänge gut aushält. Der ist zwar wichtig, hat aber mit der Qualität des gezeigten Films wenig zu tun.

Gleiches gilt für die Verweildauer auf dem Event im Allgemeinen oder an der Bar im Speziellen. Kein Bezug zum Eventerfolg. Gar keiner. Für die lange Verweildauer kann es unzählige Gründe geben. Der Flirt mit der Barkeeperin, die kostenlosen Cocktails und so weiter und so fort. Alles ganz sicher kein Indikator für Eventerfolg.

Und wie steht es um den Kontakt zu interessanten Menschen? Das ist zwar ein menschliches Bedürfnis, hat aber ebenfalls wenig bis nichts mit dem Erfolg der zu bewertenden Veranstaltung zu tun. Und last, but not least: das liebe Geld. Budgethöhe und Budgettreue sind zwar wichtig beziehungsweise löblich, aber für die Beurteilung des Eventerfolgs ebenfalls komplett irrelevant.

Eben fiel das Wort „Bedürfnis". Und die Betrachtung von Bedürfnissen hilft uns, Licht ins Dunkel zu bringen – zu erklären, was Events erfolgreich macht und warum der gängige Blick auf den „Eventerfolg" nicht zum Ziel führt.

Sie erinnern sich vielleicht an Abraham Maslow. Der Herr begegnet einem in Schule, Ausbildung und Studium häufiger. Er hat sich mit den menschlichen Bedürfnissen beschäftigt und uns am Ende die „Maslowsche Bedürfnishierarchie"[3] beschert. Maslow beschreibt, vereinfacht gesagt, dass der Mensch unterschiedliche, aufeinander aufbauende Bedürfnisse hat.

Gemäß dem Motto „First things first" kümmert sich jedes Individuum zuerst um das nackte Überleben, sprich um die Erfüllung seiner Grundbedürfnisse. Atmen, essen, trinken, schlafen und so weiter. Ist das sichergestellt, kommt Stufe zwei. Die Sicherheitsbedürfnisse umfassen körperliche, aber auch materielle Sicherheit.

So weit, so gut. Nun wird es noch interessanter, gerade was die Erfolgsdiskussion bei Events anbetrifft. Auf Stufe drei geht es um das Soziale, um das Miteinander. Hier kümmert sich der Mensch um Kontakte, die Zugehörigkeit

3 Ist Wikipedia an der Uni mittlerweile zitierfähig? Für unsere Zwecke ist es überaus hilfreich. https://de.wikipedia.org/wiki/Maslowsche_Bedürfnishierarchie

zu einer Gruppe, Gemeinschaft, Unterstützung und Beziehungen (jeder Art). Auch der eigene Platz in einer Gruppe spielt auf dieser Stufe bereits eine wichtige Rolle.

BEDÜRFNISPYRAMIDE NACH MASLOW

Quelle: eigene Darstellung

Auf Ebene vier drehen sich die menschlichen Bedürfnisse nun um Erfolg, Anerkennung, Selbstbestätigung, Vertrauen und Wertschätzung. Gleich werden Sie sehen, wie man hier wunderbar den Bogen zu Veranstaltungen schlagen kann, ja sogar schlagen muss.

Zu guter Letzt, auf Stufe 5, geht es um Selbstverwirklichung. Menschen wollen ihre Talente, Potenziale und ihre Kreativität entfalten und sich so persönlich weiterentwickeln. All das, um das eigene Leben aktiv zu gestalten und ihm einen Sinn zu geben.

Interessant, oder? Die strikte Abgrenzung der einzelnen Stufen in Form einer Pyramide ist übrigens nicht von Maslow und auch nicht ganz in seinem Sinne. Sie impliziert nämlich, dass eine Ebene erst komplett „abgearbeitet" sein muss, bevor man sich der nächsten Stufe widmet. Tatsächlich ist es wohl eher als fließende, wellenartige Bewegung zu verstehen. Sobald ein Großteil der Bedürfnisse einer Stufe befriedigt ist, geht es weiter zur nächsten Stufe.

So weit, so gut – und sicher auch gut nachvollziehbar. Auf leeren Magen lernt es sich schlecht. Und ohne Dach über dem Kopf ... Sie merken, tatsächlich hilft uns dieses Modell, unsere Bedürfnisse gut zu verstehen und einzuordnen. Aber was hat das jetzt mit Events zu tun?

Viel mehr, als man auf den ersten Blick denkt. Alles, um genau zu sein. Es erklärt hervorragend, warum der Erfolgsbegriff bei Events wie bereits beschrieben so grundfalsch gewählt ist, warum man satte Gäste für zufriedene Gäste hält. Die übliche Eventbetrachtung macht nämlich in aller Regel schon bei Stufe 2 Schluss mit Messung und Erfolg.

Lassen Sie uns die menschlichen Bedürfnisse nach Maslow kurz für Events übersetzen, um zu verdeutlichen, was wir meinen – und wie das Ihnen in Zukunft bei der Eventkonzeption enorm helfen wird.

Bedürfnisstufen eins und zwei. Was heißt das auf einem Event? Nun ja, das, was (zu) viele für (zu) wichtig für den Erfolg halten, nämlich Speis und Trank. Essen gut, fast alles gut. Wir müssen sicher nicht wiederholen, dass dies weder Zweck eines Events ist noch großartig zu seinem Erfolg beiträgt.[4] Essen ist Genuss, Essen ist schön und Essen ist ein Grundbedürfnis. Nicht weniger, aber auch nicht mehr, außer Sie veranstalten Gourmet-Events für Sterneköche.

Das Catering muss gut, rechtzeitig und warm sein (beziehungsweise bei den Getränken kalt), um den Gästen zu ermöglichen, die nächsten Bedürfnisse anzugehen. Und ja, wenn das Essen vermurkst wurde, wird es schwieriger mit den Verkaufsabschlüssen bei den Neukunden oder der Motivationssteigerung bei den Mitarbeitern. Essen ist eine Basis. Wichtig, aber eben nur eine Grundlage.

Das gilt übrigens auch für so banale Faktoren wie kurze Wege, eine angenehme Atmosphäre, bequeme Stühle und eine wohltemperierte Location.

4 Denken Sie an digitale Eventformate. Hier wird für gewöhnlich weder getrunken noch gespeist, was einerseits schade ist, aber andererseits auch kein Grund, die Ziele der digitalen Veranstaltung nicht zu erreichen.

Basis, wichtig, Grundlage. Wenn man nichts sehen kann, es zieht und der Ton mies ist, hört niemand zu. Selbst wenn der Keynote Speaker oder der Vertriebsleiter eigentlich toll, bereichernd und erhellend ist.

So, gehen wir davon aus, dass dies auf vielen oder hoffentlich den meisten Events gewährleistet ist. Nun könnte, sollte es losgehen mit der Befriedigung der Gästebedürfnisse auf den spannenden Ebenen drei und vier. Tut es aber in der Regel nicht. Fehlanzeige. Meistens endet die sogenannte Eventkonzeption nämlich schon hier. Tolle Location, super Deko, aufwendiges Catering, Multi-Media-Präsentation, vielleicht noch durchgängige Event-CI, prominente Moderation, Showbarkeeper, Liveband und Goodie Bag.

Mission erfüllt, Event erledigt. Das war ein Erfolg.

Nein, war es nicht. Und auch wenn es landauf, landab so gesehen und gelebt wird, ist es eben kein Erfolg. Gesättigte Gäste, nette Gespräche und ein eingehaltenes Budget sind, wie dargelegt, keine Indikatoren für ein erfolgreiches Event. Eventerfolg entsteht auf den nächsten Ebenen der Maslowschen Bedürfnispyramide. Dort, wo es um Gruppenzugehörigkeit, Gemeinschaften, Austausch, Beziehungen, Vertrauen, Anerkennung und letztendlich um Selbstverwirklichung geht.

Jetzt haben wir Sie schlucken hören. Selbstverwirklichung? Vertrauen, Erfolg und Anerkennung sollen Bedürfnisse meiner Gäste, meiner Eventbesucher sein? Und all diese soll mein Eventkonzept berücksichtigen?

Ja. Und außerdem ist es die „Bauanleitung“ für wirkungsvolle, nachhaltige und damit erfolgreiche Eventkonzeption. Wir wiederholen unser Versprechen: Wenn Sie Events nicht als Abfolge logistischer Unvermeidlichkeiten sehen und planen (erinnern Sie sich an die Perlenkette auf Seite 26 der „Currywurst“), sondern als Möglichkeit, Bedürfnisse Ihrer Gäste zu befriedigen, wird Ihnen

1. immer etwas Kreatives für Ihre Eventkonzeption einfallen und
2. Ihr Event ein Erfolg bei Ihren Gästen und
3. sogar bei Ihrem Chef.

Jetzt haben Sie sich eine Pause verdient.

ZUM MITNEHMEN

Gast und Gastgeber haben, wie dargelegt, oft recht unterschiedliche Vorstellungen von einem „gelungenen Abend“. Meist liegt der Gastgeber falsch, denn er plant aus seiner Perspektive respektive aus der seines Unternehmens. Besser wäre es, den Gast mit seinen Bedürfnissen in den Mittelpunkt zu stellen und zu überlegen, wie das Event eben diese Bedürfnisse erfüllen kann. Damit haben Sie ganz nebenbei den ersten Teil Ihres „Bauplans für wirkungsvolle Events“ kennengelernt. Nicht schlecht nach rund 1.800 Wörtern, oder?

02
WO IST DAS PROBLEM?

IT'S ALL ABOUT WORDS
WOMAN POWER NOW
USE IT!!!
THEY LET THEM DROWN
Die Gedanken sind FREI!
Rassismus
NEIN
zu leben!
KAPITALISMUS ABSCHAFFEN
ABAJO LA DICTADURA
KUNST
SOLIDARITÄT = ZIVILCOURAGE
HASTA LA VICTORIA SIEMPRE!
Überall!!!
Pause!
CRISIS CRY SIS CRY...CIS?
Black Lives Matter
YOUTH
FCK NZ
FREE PALESTINE

Wo ist das Problem?

Nur was Ziele hat, kann erfolgreich sein. Kapitel 2 legt dar, warum Eventplanung entlang von Logistik, Abläufen und Timings nicht nur gefährlich, sondern falsch und in aller Regel damit wirkungslos ist. Anschließend stellen wir uns Herausforderungen – und lösen danach mit Events echte Probleme. Sie lernen „DIY-Übungen" kennen, bei denen es um Ihre eigenen Events (und echte Probleme) geht.

Die Frage, was ein Event erfolgreich macht, ist tatsächlich die „1-Million-Euro-Frage". Und das aus gleich drei guten Gründen. Zuerst ein ganz einfacher, auf den ersten Blick (aber nur auf den ersten) banaler Grund: Wer will nicht erfolgreich sein? Wohl nur wenige Menschen empfinden Erfolg als unwichtig, egal ob im Sport, in der Liebe oder eben im Beruf. Erfolg macht glücklich und angeblich auch sexy. Das hat auch Abraham Maslow erkannt und Erfolg folgerichtig in seinen Bedürfniskanon aufgenommen, wie wir im vorherigen Kapitel aufgezeigt haben.

Der geschäftliche Erfolg führt uns zu Grund Nummer zwei: Wer sich beruflich mit Events beschäftigt, sei es als Eventmanager oder als Auftraggeber (egal ob aus der Geschäftsleitung oder einer Fachabteilung), dessen Job hängt vom Erfolg seiner Events ab. Nur erfolgreiche Events sind gute Events.

Der dritte Grund hat es in sich: Erfolgreich kann nur sein, was Ziele hat.

An dieser Stelle müssen wir auf unsere „Currywurst" und dort auf die Kapitel 2 bis 4 verweisen, denn wir können hier nicht so detailreich schildern, welche positiven Effekte gute Eventziele haben. Sie rücken die Gäste in den Mittelpunkt, liefern Zahlen und damit Sicherheit und Anerkennung im Unternehmen, sie befreien Events vom Spaßverdacht und vieles mehr. Und: Ziele sind der größte Kreativbeschleuniger, wie wir später noch sehen werden.

Zurück zur Frage: Was macht ein Event erfolgreich? Ganz einfach: Ein Event ist erfolgreich, wenn es seine Ziele erreicht.

Sie, liebe Leser, stehen nun vermutlich vor einem Dilemma. Auftraggeber, Eventverantwortliche und Gäste „messen" den Erfolg eines Events anhand weicher Faktoren – mit Messgrößen, von denen wir Ihnen gerade glaubhaft versichert haben, dass sie nichts taugen. Und jetzt behaupten wir, dass ein erfolgreiches Event ein Event ist, das seine Ziele erreicht. Wie kommen wir da wieder raus?

Der Grund für dieses Dilemma liegt in der Herangehensweise an Events. Events werden in der Regel „logistisch" gedacht, in Abläufen, nach Uhrzeit, in gelernten Abfolgen. Das halten wir für komplett falsch, für gefährlich gar. Daher müssen und werden wir das ändern. Wir werden mit diesem Buch alles in unserer Kraft stehende tun, um diesen Missstand zu korrigieren.

Spoiler-Alarm: Gute Eventkonzeption wird nicht gelingen, wenn man Events logistisch denkt.

Gute Eventkonzeption bedeutet zuallererst Ziele zu definieren, denn erfolgreiche Eventkonzeption löst Probleme. Eventkonzeption löst Probleme? Da ist es, das böse Wort: Problem!

Probleme? „Wir haben keine Probleme, in unserem Unternehmen gibt es – wenn überhaupt – nur Herausforderungen." Das ist uns in den letzten Jahren von Management und Leadership, von Trainern und Beratern eingeimpft worden. Probleme haben wir keine mehr, wir kennen jetzt nur noch Herausforderungen. Schade, sogar falsch, denn Probleme sind etwas ganz Feines. Sie helfen uns schon durch ihren Namen. Wie bitte? Doch, überlegen Sie einfach was die deutsche Sprache über Jahrhunderte für wunderbare Wortpaare geformt hat. Eine Herausforderung nimmt man an, einer Herausforderung stellt man sich. Eine Herausforderung meistert man. Eine Aufgabe fordert mich heraus. Ein Thema habe ich. Eben.

Ein Problem hingegen – muss man lösen. Punkt.

Wir hoffen, Sie nehmen es uns nicht übel, wenn wir bei diesen Begriffen etwas verweilen, aber herausfordernde Probleme und problematische Herausforderungen sind enorm wichtig für unsere 10 Schritte zur erfolgreichen Eventkonzeption. Wir sind aufgrund unserer jahrzehntelangen Erfahrung überzeugt, dass Events sich hervorragend dafür eignen, Probleme zu lösen. Beispiele gefällig? Probleme mit dem Abverkauf von neuen (oder alten) Produkten, Imageprobleme des Unternehmens, Motivationsprobleme in der Belegschaft, Bekanntheitsprobleme in der Öffentlichkeit.

Natürlich könnten Sie auch von „Abverkaufs-Herausforderungen" sprechen oder von Herausforderungen bezüglich der Außenwahrnehmung, aber hat das die gleiche Stärke? Sicher nicht. Sie merken, dass dem Wort „Problem" – wenn Sie sich trauen, es zu nutzen – eine enorme Kraft innewohnt. Jedes Problem muss aus dem Weg geräumt werden. Es muss weg. Niemand will ein Problem haben.

Mit einer Herausforderung hingegen kann man viel besser (und länger) leben, ohne dass es einem richtig wehtut.[1] Deshalb tun Sie es uns bitte ab jetzt gleich und sprechen Sie im Kontext von Live-Kommunikation von Problemen. Also: Welches Problem wollen wir mit dem Jahres-Kick-off lösen?

1 Stellen Sie sich vor, die Besatzung von Apollo 13 hätte statt „Houston, wir haben ein Problem" „Houston, wir haben eine Herausforderung" an die NASA-Bodenstation gefunkt. Apollo 13 würde wohl heute noch im Orbit kreisen. https://de.wikipedia.org/wiki/Houston,_wir_haben_ein_Problem!

DIY-ÜBUNGEN.

Damit dieses Buch Ihnen den größtmöglichen Nutzen bietet, soll es praxisnah und praxisrelevant sein. **Mit 10 Schritten** ebnen wir Ihnen den Weg hin zu einer erfolgreichen Eventkonzeption. Dafür ist es didaktisch hilfreich, wenn Sie im Anschluss an einen Gedanken oder ein Kapitel den direkten Bezug zu Ihrer täglichen Arbeit herstellen. Dafür haben wir „Do it yourself“-Übungen integriert. Diese helfen Ihnen dabei, das Gelesene mit Ihren Erfahrungen abzugleichen beziehungsweise unsere Gedanken an Ihren eigenen Events zu messen.

Diesen Übungen werden Sie regelmäßig begegnen. Bitte nutzen Sie die Chance, das Gelernte zu vertiefen, zu prüfen und dadurch gut in Ihrem Erfahrungsschatz zu verankern. Wir sagen Ihnen vor jeder Übung ganz genau, was zu tun ist (in der Regel mit Fantasie und Elan zur Sache gehen), wie lange es dauern wird (meistens nur wenige Minuten) und ob Sie dazu Hilfsmittel brauchen (zumeist Papier, gerne auch im Format A3).

Bereit?

Dann kommt hier die erste DIY-Übung.

ÜBUNG 1

Eventkonzeption gelingt schneller, leichter und vor allem besser, wenn das zu planende Event ein Problem lösen soll. Bitte erinnern Sie sich an drei Events, mit denen Sie betraut waren (oder an denen Sie mitgearbeitet haben). Wussten Sie in der Planungsphase genau, was zu tun war? Gemeint ist **nicht**, was zu organisieren war. Wir wollen wissen, ob Sie jederzeit ganz eindeutig wussten, wieso das Event überhaupt veranstaltet werden sollte. Warum sollte es stattfinden? Welches Problem stand im Raum, das der Event[1] lösen sollte?

Tools: Ihre Erinnerung, Papier und Bleistift, eventuell Telefonjoker (ein Kollege)

Zeitbedarf: 3 × 3 Minuten

Was genau war das Problem?

1 Merken Sie, dass wir mal von dem, mal von das Event sprechen? Auch wir können Ihnen nicht sagen, was am Ende korrekt ist. Halten Sie es wie Sie wollen, der oder das Event – Hauptsache es ist ein guter bzw. gutes.

Und? Wie hat es sich angefühlt? Konnten Sie die logistischen Herausforderungen klar von den inhaltlichen trennen? Wenn es noch nicht auf Anhieb gelang, machen Sie sich keine großen Sorgen, je mehr Eventerfahrung man hat, desto schwerer ist es. Schön wäre, wenn Ihnen klar geworden ist, dass Sie „damals" häufig gearbeitet haben, ohne konkret zu wissen, welche Aufgabe Sie inhaltlich lösen mussten. Aber vielleicht wissen Sie ja jetzt im Nachhinein, um welches Problem es eigentlich ging.

In der langjährigen Geschichte unserer Agentur haben wir fast bei jedem Kunden herausarbeiten müssen, was eigentlich das Problem war, für dessen Lösung man uns engagiert hatte. Oft wusste der Auftraggeber es schlicht selber nicht. Er sah nur einen Anlass[2] und schwuppdiwupp musste folgerichtig ein Event her. Welche Konsequenzen das für die Eventkonzeption hat, haben wir noch zu besprechen.

Manchmal wusste ein hochrangiger Kundenvertreter wie ein Geschäftsführer oder Vorstand[3] sogar, was das Problem war, aber es war ihm peinlich. Da hätte man ja zugeben müssen, dass es unter der eigenen Ägide doch tatsächlich mehr als nur Herausforderungen im Unternehmen gibt.

Beispiele gefällig? Events können, wenn sie gut gedacht und gemacht sind, fast jede Art von Problemen lösen. Sie können neuen Produkten zum Abverkaufserfolg verhelfen. Natürlich, denn ein Event mit seinem persönlichen Erleben vermittelt Produktqualität und Produktattribute leichter und besser als eine Website oder ein Werbeclip. Events sind großartige Tools, um Motivationsprobleme anzugehen.

Es gelingt leichter und besser, ein Team zu formen und zu Bestleistungen zu animieren, wenn man dies persönlich, live und interaktiv in Angriff nimmt. Events sind hervorragend dafür geeignet, Image und Wahrnehmungen zu verändern. Ein Unternehmen, das als altbacken, arrogant oder wenig innovativ gilt, tut gut daran, solch ein Image speziell auch auf einem Event zu korrigieren.[4]

2 Das kennen Sie: Weihnachten, Ostern, Sommerfest, Jahres-Kick-off, Produkteinführung, Pressekonferenz, Jubiläum. Alles Anlässe, aber ganz sicher keine Ziele.

3 Ein sehr seltenes Exemplar, wenn es um Events geht. In der Regel ist so jemand zwar der eigentliche Gastgeber, darf, soll, will mit den Niederungen des Events aber nichts zu tun haben. Was ihn (oder selten sie) aber nicht davon abhält, eine Woche vor dem Event das Konzept komplett umzuwerfen, weil seine Frau/ihr Mann gesagt hat ...

4 Voraussetzung dafür ist natürlich, dass die Versprechen und Botschaften eines Events auch erfüllt werden müssen. Wenn ein Unternehmen schlichtweg altbacken ist (Unternehmenskern, Prozesse etc.), dann hilft auch ein modern inszeniertes Event nicht.

All das ist möglich, aber nur unter der Voraussetzung, dass man das Problem erkennt – und es auch konkret benennt.

Schauen Sie bitte noch einmal auf Ihre Notizen aus Übung 1 von vor wenigen Minuten. Haben Sie das Problem glasklar, offen und schonungslos benannt? Steht da „Uns laufen die Kunden weg, weil sie uns für teuer und altmodisch halten", oder „Der Vertrieb ist müde, satt und antriebslos" oder „Wir müssen von der neuen Maschine innerhalb von x Monaten y Stück verkaufen"? Falls nicht, nehmen Sie sich bitte noch einmal fünf Minuten Zeit und schärfen Sie die Antworten. Hierzu können Sie auch prima Ihren Telefonjoker einsetzen und mit Chef, Kollegen oder Mitarbeitern sprechen, um die Aufgabe bestmöglich zu lösen.

ÜBUNG 2

Problembeschreibung.

Tools: wie in Übung 1

Zeitbedarf: 3 × 3 Minuten

Jetzt würde ich das Problem wie folgt beschreiben:

Uns ist klar, dass für die meisten von Ihnen ein solches Vorgehen ungewohnt ist. Uns ist klar, dass die „Briefings", die Sie bekommen, in der Regel den Namen nicht verdienen. Und uns ist klar, dass in vielen Unternehmen in Logistik gedacht wird und die Anzahl der einzuladenden Gäste wichtiger ist als das, was man inhaltlich ganz konkret vermitteln will. Aber nun müssen Sie umdenken, um das zu ändern. Wir garantieren Ihnen: Erfolgreiches Umdenken hebt Sie und Ihre Events auf die nächste Stufe. Und das Problem liegt immer am Anfang.

Garantie: Wenn Sie das Problem klar beschreiben, wird Ihnen dazu etwas Gutes, Geeignetes einfallen. Das Problem ist Ihr Kreativ-Beschleuniger Nummer 1.

Wir werden Sie Schritt für Schritt durch den Prozess führen, der Ihnen zeigt, wie man für jedes Problem eine passende kreative Lösung findet. Und wie man diesen Prozess verlässlich dazu nutzen kann, regelmäßig gute Eventkonzeption abzuliefern. Egal, ob es sich um eine ganz neue Herausforderung, einen ganz neuen Auftraggeber oder um ein Event handelt, das Sie nun schon zum x-ten Mal auf dem Tisch haben.

ZUM MITNEHMEN

Nach Lektüre dieses Kapitels haben Sie erkannt, dass Eventprobleme selten logistischer Art sind. Es geht vielmehr um die inhaltliche Auseinandersetzung mit dem Event und den Problemen, die dieses Event lösen soll. Events sind also, und das dürfte klar geworden sein, hervorragende Kommunikationsmittel, um unternehmerische Probleme zu lösen. Und falls Sie in Zukunft aus Versehen von Herausforderungen sprechen, denken Sie einfach an Apollo 13: "Houston, wir haben eine Herausforderung?" Wohl kaum.

03
DIE AUFGABE.

Die Aufgabe.

In Kapitel 3 wird Ihnen vieles bekannt vorkommen. Es geht um kurze und lange Briefings, schlechte und noch schlechtere. Und wie Sie damit umgehen sollten. Sie lernen, wie schon einfaches Hinterfragen zu neuen Eventideen führen kann. Und gemeinsam befreien wir uns aus den Korsetts, die zu den immer gleichen Veranstaltungen führen.

Wer eine Aufgabe bekommt, bekommt meist ein sogenanntes „Briefing". Und ein Problem, denn im Prinzip gibt es leider nur zwei Arten von Briefings: schlechte und noch schlechtere. Die Zahl guter Briefings, die wir in rund 700 Projekten, an denen wir gearbeitet haben, bekommen haben, ist vermutlich kaum zweistellig. Dabei reicht unser Erfahrungsschatz (wahrscheinlich wie der Ihre) vom mündlichen Briefing im Vorbeigehen bis zum 50-Seiten-Pamphlet. Intern konnten wir uns übrigens nie darauf einigen, was schlechter ist.

Fakt ist allerdings: ohne gutes Briefing kein gutes Event.

Betrachten wir die unterschiedlichen Briefings, welchen Schaden sie anrichten und wie man es leicht besser machen kann. Zuerst das mündliche Briefing. Diese Gattung erlebt man vor allem im Kontakt mit vermeintlich viel beschäftigten Führungskräften. Die haben schlicht keine Zeit, sich hinzusetzen und ein brauchbares Briefing zu schreiben. Stattdessen rufen sie Ihnen gerne auf dem Weg zur Kantine ein paar „Eckpunkte" zu – und meist auch schon die Höhe des Budgets. Die Informationstiefe ist gering, oft fallen Sätze wie „So ähnlich wie letztes Mal, nur noch etwas besser" oder „Sie wissen schon, Sie machen das schon".

Das Briefing: schlecht, oder noch schlechter

Was vordergründig nach viel Vertrauen klingt, ist allerdings für den Eventmanager ein Minenfeld. Aber eines ohne Kompass, Karte und Schutzkleidung. Wer so gebrieft an die Arbeit geht, kann oft durch seine Erfahrung und sein Abstraktionsvermögen das Schlimmste verhindern, aber mehr eben auch nicht. Ohne Grundlage, ohne Verschriftlichung ist man dem späteren Feedback auf seine Ideen schutzlos ausgeliefert. Im besten Fall wird man mit einem „Da haben Sie mich sicher falsch verstanden" abgespeist.

Tatsächlich denken Auftraggeber dieser Couleur oft zum ersten Mal bei Ihrer Ideen-Präsentation darüber nach, was sie eigentlich wollen. Damit kostet diese Schleife im Prozess nicht nur Zeit und Geld, sondern im Zweifel auch einen Teil Ihrer Reputation. „Das war ja nun noch nicht so toll, was da kam. Da müssen Sie bitte noch mal frisch ran!"

Wir raten von solchen mündlichen „Zwischen-Tür-und-Angel-Briefings" strikt ab. Aber was, wenn Sie nichts anderes bekommen? Da müssen Sie sich tatsächlich wehren. Am besten mit Vergleichen. Mit Vergleichen, die Ihr Gegenüber kennt und versteht. Argumentieren Sie zum Beispiel mit dem Geld, das auf dem Spiel steht. Wollen Sie wirklich, dass wir x Tausend/ Hunderttausend Euro ausgeben[1], ohne detaillierter zu besprechen, was wir für diese Summe erreichen wollen? So einem Argument dürften nur die allerwenigsten Chefs widerstehen. Auf diesem Weg erzwingt man in der Regel zumindest ein ausführliches Briefinggespräch. Idealerweise sogar im Sitzen. In so einem Gespräch – dessen Länge 30 Minuten nicht überschreiten muss – haben Sie dann die Fäden zumindest teilweise in der Hand.

Wer fragt, der führt. So lautet eine alte Weisheit. Und die stimmt. Wenn Sie nun Fragen stellen können, lenken Sie die Gedanken Ihres Gegenübers. Hoffentlich in die richtige Richtung. Informationen über den Hintergrund des Events (sofern Sie den nicht schon kennen), dann natürlich das Problem (und zwar in aller Deutlichkeit) und Insights über die Gäste machen den Anfang.

Hier ist natürlich entscheidend, ob Sie als erfahrener Mitarbeiter Ihrem Auftraggeber in einer bekannten Rolle oder Konstellation gegenübersitzen oder nicht (Szenario 1). Handelt es sich um ein noch nie da gewesenes Event oder einen bisher unbekannten Auftraggeber (Szenario 2), sieht die Situation anders aus. Erst recht, wenn Sie als externer Eventmanager (zum Beispiel aus einer Agentur) mit der Aufgabe betraut werden.

1 Oder besser: investieren. Die Sichtweise, das Budget für einen Event als Investition zu betrachten und nicht nur als Kostenblock, ist für die Konzeption sehr hilfreich.

Bleiben wir für den Moment bei Szenario 1. Ihr Unternehmen, eine vertraute Beziehung, ein bekanntes Umfeld. Dann ist es in erster Linie die Frage nach dem Problem, die Sie klären müssen. Mit Logistik sollten Sie sich an dieser Stelle bitte so wenig wie möglich beschäftigen. Alles, was Sie hier beiläufig an logistischen Eckdaten gesagt bekommen, schränkt Sie massiv in Ihrer Kreativität und Ihren Gedanken ein. Und häufig ist das, was man Ihnen während des Briefings zuruft, weder richtig noch tatsächlich in Stein gemeißelt.

Gästeanzahl, Format, Dauer, Datum. Diese Faktoren werden oft ohne triftigen Grund festgelegt und stehen dem Eventerfolg manchmal im Weg.

Beispiele gefällig? Wir haben viele Jahre für die unterschiedlichsten Medienhäuser Events konzipiert. Im Kern ging es bei solchen Veranstaltungen darum, Anzeigen zu verkaufen. Es hatte sich in der Branche eingebürgert, solche Events in fünf oder sechs deutschen Großstädten zu veranstalten, was prinzipiell sicher richtig war. Denn dort saß der überwiegende Teil der potenziellen Kunden. Und für den werbetreibenden Bielefelder oder Pforzheimer war die kurze Fahrt nach Hamburg, Düsseldorf, Stuttgart oder Frankfurt im Zweifel nicht nur zumutbar, sondern sogar verlockend. Tatsächlich hätte man aber auch das hinterfragen können (und müssen), um tatsächlich auf gute und neue Ideen zu kommen. Dazu später mehr.

Die zweite in Stein gemeißelte Gewohnheit war, stets etwa 100 Personen zu solch einem Event einzuladen. Irgendwann hatte wohl einmal jemand „ausgerechnet", dass dies eine gute Größe sei und dem zu hebenden Potenzial an Kunden in der Region entspräche. Also war die magische Zahl 100 automatisch gesetzt. Nichts hätte falscher sein können. Eine Verkaufsveranstaltung mit 100 Gästen führt in der Regel zu enormen Problemen. Angefangen bei der Location. Für 100 Personen plus einer entsprechenden Zahl Unternehmensvertreter gibt es in jeder Stadt eben nur soundso viele geeignete Locations. Orte, die thematisch geeignet wären und zum Eventerfolg beitragen könnten, fallen aufgrund ihrer Größe oft schon durch das Raster.

Auch eine hohe Betreuungsqualität für die Gäste ist nur schwer sicherzustellen. Wie viele Vertriebsmitarbeiter oder Produktverantwortliche beziehungsweise Führungskräfte können Sie für so einen Abend aufbieten? Zehn oder zwanzig? Das wäre eine Menge, sie würde aber dennoch nicht im Ansatz für eine persönliche, intensive Betreuung Ihrer Kunden reichen.

Last, but not least führte die Zahl 100 dazu, dass nur wenige echte Entscheidungsträger zum Event erscheinen. Die meisten Marketing- oder Werbeleiter kennen solche Events und reichen die Einladung an ihre Mitarbeiter weiter, die zwar gerne kommen, aber überhaupt nicht entscheidungsbefugt sind. Drei sehr gute Gründe, die in Stein gemeißelte Zahl von 100 Gästen zu hinterfragen.

Falls Sie neugierig sind: Wir hatten damit Erfolg. Unser Konzept war für nur 20 Personen inklusive Gastgeber ausgelegt. Es ermöglichte einen intimen Rahmen in einer ganz besonderen Location, die selbst bei hochrangigen Entscheidungsträgern für die nötige Begehrlichkeit sorgte. An nur einer langen Tafel entstand so eine ungewöhnlich familiäre Atmosphäre, die offenen Austausch ermöglichte und schon beim ersten Event (von nur drei Events) mehr Umsatz erzielte, als die gesamte Veranstaltungsreihe kostete.

Für alle Details sprechen Sie uns doch im Rahmen einer Masterclass an. Dort geben wir zum Beispiel beim Thema „The next level" viele Beispiele, wie die strategische Veränderung von Eckdaten wie Gästezahl, Format oder Dauer zu besseren Ideen und damit zu mehr Erfolg führen kann.

Befinden Sie sich in der Situation, Ihren Auftraggeber noch nicht gut zu kennen oder werden Sie für ein Event gebrieft, das es vorher noch nicht gab, muss das Briefinggespräch natürlich ausführlicher sein und tiefer gehen. Welchen Stil pflegt Ihr „Kunde", welcher Umgangston auf dem Event leitet sich daraus ab? Eher modern, ohne Schnörkel, direkt und offen – oder konservativ, formeller? Falls Sie sich schon trauen, hinterfragen Sie ruhig, ob die Herangehensweise Ihres Briefinggebers auch tatsächlich zu den Gästen und deren Erwartungen passt. Ein neues, für Sie wenig vertrautes Terrain hat Vor- und auch Nachteile. Positiv kann sich auswirken, dass man ohne Altlasten und einsetzende Betriebsblindheit unvoreingenommen an die Aufgabe herangehen kann. So gelingt der frische Ansatz meist einfacher als in gelernten Situationen.

Aber auch in solch einem Briefing-Erstgespräch vermeiden Sie bitte ein logistisches Korsett. Die Umsetzung ist selbstverständlich auch Ihre Aufgabe, kommt aber deutlich später. Der Chef erklärt der IT in der Regel auch nicht, in welcher Programmiersprache die App zu machen sei. Und der Personalabteilung schreibt der Chef sicher nur selten vor, in welchem Medium sie Bewerber suchen soll.

In dieser Stufe der Eventkonzeption geht es nur um die Aufgabe (also insbesondere das Problem) und um die qualitativen Informationen, die Sie brauchen, um sie zu lösen. Der Rest kommt später.

Zurück zu Ihrem konkreten Briefinggespräch. Wenn Sie der Meinung sind, das Problem, die Eventziele und die wichtigsten Eckdaten erfragt zu haben, verschriftlichen Sie dies bitte unbedingt in Form eines Re-Briefings und übermitteln Sie es Ihrem Auftraggeber. Nur so können Sie Gewissheit haben, alles richtig verstanden zu haben und über eine belastbare Grundlage zu verfügen, auf der Sie anschließend kreativ und konzeptionell arbeiten können.

Sprechen wir nun über das andere Extrem: das ausführliche schriftliche Briefing. Dieser Gattung begegnet man häufig in drei Szenarien: Es kommt aus dem Einkauf, es erfolgt für Events, die zum wiederholten Male stattfinden, oder man erhält es von Menschen, die es gut mit einem meinen.

Die Probleme mit solchen Briefings sind mannigfaltig. Oft enthalten Sie schlicht viel zu viele Informationen – und noch dazu vorwiegend die falschen. „Zu viel" bedeutet, dass der Empfänger des Briefings mühsam Spreu vom Weizen, Wichtiges vom Unwichtigen und vor allem Quantitatives vom Qualitativen trennen muss. Und wie so häufig sieht man den Wald vor lauter Bäumen nicht mehr. Auch wenn diese Briefings in aller Regel gut gemeint sind, richten Sie leider häufig großen Schaden an. Minutiöse Ablauftimings führen dazu, dass der Empfänger automatisch in diesen Timings denkt, ohne sie – was wichtig wäre – zu hinterfragen. Vor dem gedanklichen Auge entstehen durch solche Briefings bereits Set-ups, die nur der erfahrenere (und mutige) Event-Konzeptioner aus seinem Kopf löschen kann.

Im Prinzip resultieren ausführliche Briefings in den ewig gleichen Ansätzen. Sie verhindern, was sie eigentlich ermöglichen sollten. Nämlich neue Ideen.

Erschwerend kommt hinzu, dass Briefings dieser Art oft viele Details von Vorgängerveranstaltungen enthalten. Das macht neues Denken schwer bis unmöglich. Auch wenn bekanntermaßen alle Wege nach Rom führen, macht es einen Unterschied, ob das Briefing einen VW Golf, die Brennerautobahn und einen Zwischenstopp in Bologna vorsieht oder eben nicht. Denn auch mit einem Heißluftballon oder dem Zug käme man in die Ewige Stadt, und ein kleiner Umweg über die Côte d'Azur oder Venedig könnte eine veritable Alternative sein.

ÜBUNG 3

Denken Sie bitte an ein oder zwei Events, für die Sie gebrieft wurden. Welche vermeintlich harten, unveränderbaren „Fakten" hat man Ihnen dabei auf den Weg gegeben?

Tools: roter Stift, Ihr Kopf

Zeitbedarf: 3 Minuten

Vorgegeben waren:

ÜBUNG 4

Erinnern Sie sich nun bitte an die Ideenphase. Welche der „Fakten“ haben Ihnen die Konzeption schwer gemacht?

Tools: die gleichen wie eben

Zeitbedarf: 3 Minuten

Einschränkend waren:

ÜBUNG 5

Und was haben Sie in dem Briefing vermisst? Was hätte Ihnen geholfen, um besser/schneller auf gute Ideen zu kommen?

Tools: grüner Stift und Wunschdenken

Zeitbedarf: 3 Minuten

Hilfreiche Informationen wären gewesen:

Sie merken: Ein Briefing kann ein Korsett sein, dabei wäre ein bequemer Jogginganzug in diesem Moment geeigneter, wenn man tatsächlich auf Neues hofft.

Nun wünschen Sie sich bestimmt eine vollständige Checkliste mit allen zentralen Briefingpunkten. Das ist aufgrund der Vielzahl möglicher Konstellationen, in der Briefings stattfinden, unmöglich. Die Must-haves eines „perfekten Briefings" unterscheiden sich, wie dargelegt, deutlich: je nachdem, ob es sich um eine intern oder mit externer Hilfe zu lösende vertraute oder neue Aufgabe mit einem alten oder neuen Ansprechpartner für ein ganz neues oder bekanntes Eventformat handelt. Allen gemein sind jedoch mindestens drei Punkte:

1. Die klare und unmissverständliche Schilderung des „Problems" und der daraus resultierenden Eventziele.
2. Die qualitative Beschreibung der Zielgruppe (der Eventteilnehmer) inklusive ihrer drei E's[2].
3. Die Faktoren, an denen der Eventerfolg gemessen werden kann.

Je nach Situation kommen noch einige weitere Key-Elemente hinzu: Unternehmenswerte, Produkteigenschaften, Tonalität der Kommunikation, Hintergrund und Vorgeschichte.

Und was ist eigentlich mit dem Budget? Muss das nicht auch Teil des Briefings sein? Daran scheiden sich seit Ewigkeiten die Geister. Die Budgetbefürworter sagen, dass Konzepte ohne Budgetvorgaben zumeist Traumschlösser seien. Sie argumentieren, dass man mit endlos viel Geld automatisch tolle Dinge erfinde, die aber in der Realität nicht funktionierten. Die Gegenargumente liegen auf der Hand. Bottom-up versus top-down. Aufgabe, Rahmenbedingungen und Zielgruppe bestimmen, welche Investition für ein Event nötig und angemessen ist.

In der Praxis haben beide Fraktionen ihre Fürsprecher und man begegnet beiden Arten. Unsere jahrzehntelange Erfahrung empfiehlt den pragmatischen Mittelweg. Ein gutes Briefing enthält einen realistischen Budgetrah-

2 Einstellungen, Erfahrungen und Erwartungen. Siehe Kindler: „Mit Currywurst auf Haifischfang", ab Seite 64.

men als Orientierungsgröße. Ist die Aufgabe mit einer fünfstelligen Summe zu lösen oder stehen sechsstellige Budgetmittel zur Verfügung?[3] Auch hier gilt: Aufwand und Ertrag, Herausforderung und Lösung müssen in einem realistischen Verhältnis stehen. Wichtiger als die absolute Budgethöhe ist in jedem Fall der Hinweis, was in dem vorgegebenen Rahmen enthalten sein muss. Mit oder ohne Reisekosten, mit oder ohne Honorare, mit oder ohne interne Personalverrechnungskosten und, und, und. Das Budget ist oft weniger entscheidend, als man denkt, denn, merke:

Gute Ideen sind in der Regel budgetneutral.

Man kann sie, die großen Ideen, zur Not auf Sparflamme umsetzen oder in absoluter Perfektion. Idealerweise findet man den goldenen Weg in der Mitte. Denn auch großartige Ideen kann man zu Tode sparen. Das passiert immer dann, wenn man sie vor lauter Streichungen nicht mehr wiedererkennt. Aber auch das kommt erst viel später. Noch sind wir ja beim Briefing.

Und bevor wir dieses Kapitel abschließen, erlauben Sie uns bitte einen kurzen Exkurs, der uns unter den Nägeln brennt und Ihnen mit Sicherheit noch oft helfen kann. Vielleicht haben Sie schon vom „magischen Dreieck" gehört. Die drei Dimensionen jedes Projekts sind Zeit, Budget und Qualität. Sie stehen im stetigen Wettkampf, und selbstverständlich möchte jeder Kunde und besonders jeder Einkäufer die beste Qualität zum kleinsten Preis in der kürzesten Zeit. Mathematik und Betriebswirtschaft haben schon lange bewiesen, dass dies gänzlich unmöglich ist. Und das sollte bei genauem Nachdenken auch jedem, sogar dem Einkauf, klar sein. So weit die schlechte Nachricht. Die gute Nachricht ist: Sie dürfen sich zwei von den drei Seiten aussuchen. Das geht. Und zwar wie folgt:

3 Und wenn es sich um das 100-jährige Jubiläum eines Weltmarktführers handelt – oder um eine Autopräsentation –, darf man auch mit siebenstelligen Beträgen rechnen.

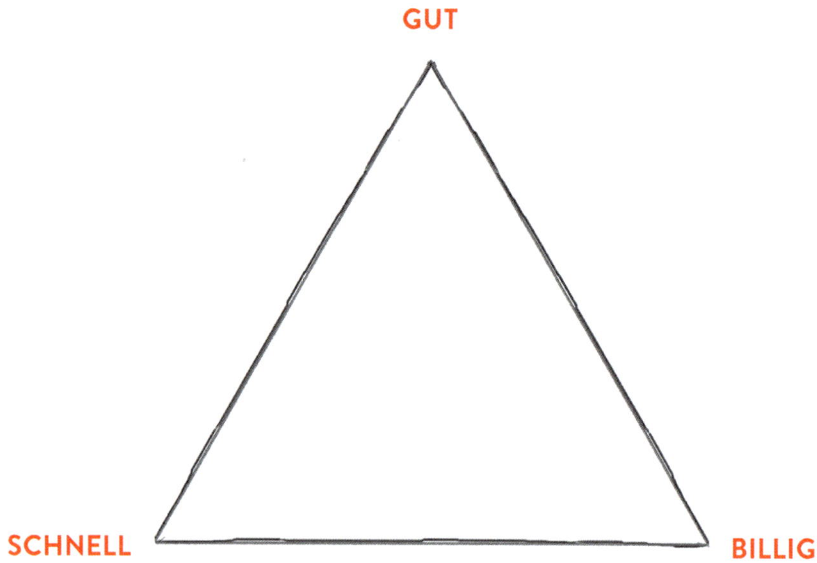

Schaubild: Das "magische" Dreieck

Man kann ein Event schnell und in bester Qualität umsetzen. Aber selbstverständlich kostet das, denn man braucht mehr Köpfe, mehr Ideen, muss mehr bezahlen, um Mensch, Material und Maschine quasi über Nacht an Ort und Stelle zu haben. Qualität und Geschwindigkeit haben in dem Fall ihren Preis.

Andersherum kann man ein gutes Event auch mit einem kleineren Budget realisieren, aber das geht nicht über Nacht. Die Suche nach günstigen Alternativen für alle Dienstleistungen und Produkte benötigt Zeit. Ergo: Erwarten Sie keine Ergebnisse bis nächste Woche. Und oft fressen die Kosten für die Ressourcen, die man für die Suche benötigt, die Ersparnisse fast auf.

Und der Favorit aller Auftraggeber? Schnell und günstig? Ja, das kann man machen, aber das wird nicht gut. Das können wir Ihnen garantieren. Felsenfest, mit Brief und Siegel.

Zurück zum Briefing. Sie haben gesehen, wie das Briefing maßgeblich über den Erfolg der Eventkonzeption mitentscheidet. Sie kennen vermutlich die Analogie vom Schiffebauen und der Sehnsucht nach dem Meer.[4] Etwas überstrapaziert, aber mit einem wahren Kern.

4 Wenn nicht, hier ist sie: „Wenn Du ein Schiff bauen willst, so trommle nicht Menschen zusammen, um Holz zu beschaffen, Werkzeuge vorzubereiten, Aufgaben zu vergeben und die Arbeit einzuteilen, sondern lehre die Menschen die Sehnsucht nach dem weiten endlosen Meer." Antoine de Saint-Exupéry

Briefings können einschränken. Das führt fast automatisch zu den schon bekannten Ideen und Konzepten.

Briefings können inspirieren.

Das ist der Weg zu neuen Ideen und wirkungsvollen Konzepten.

ZUM MITNEHMEN

Das Briefing entscheidet maßgeblich über den Eventerfolg. Und gute Events entstehen oft trotz schlechter, aber nicht wegen guter Briefings. Vergessen Sie niemals zu hinterfragen und zu prüfen, ob die vermeintlich unumstößlichen Fakten und Zahlen wirklich so unumstößlich sind – oder nur Gewohnheit und trügerische Leitplanke. Wer Parameter verändert, kommt automatisch auf neue Ideen. Probieren Sie es mal aus.

04
INSPIRATION FÜR EVENTS.

Inspiration für Events.

Jetzt wird es kreativ. Sie erfahren, wie aus der kreativen Kombination von Bekanntem verlässlich Neues entsteht. Wir diskutieren, warum Eventmanager der beste Job der Welt ist (oder sein kann). Und statt Onkel Dagoberts Geldspeicher bauen wir zusammen Ihren Ideenspeicher.

Wer Freude an Eventkonzeption hat, schafft es kaum, „die Füße still zu halten“, sobald er von der neuen Aufgabe, dem neuen Event gehört hat. Und obwohl man (spätestens seit der Lektüre des letzten Kapitels) weiß, wie wichtig ein gutes Briefing ist, scharrt man innerlich schon mit den Hufen – um diese Metapher zu gebrauchen. Nach dem analytischen Prozess des Briefings kommt nun der Teil, der die kreative Ader höherschlagen lässt. Und bevor uns jetzt noch eine weitere Metapher ungestraft über die Lippen kommt, wenden wir uns schnell diesem Thema zu: Ideen! Aber woher nehmen, wenn nicht stehlen?

Dieses Buch zeigt Ihnen zwei additive Pfade auf, die Ihnen verlässlich helfen werden, auf gute Ideen zu kommen. Mit strukturierten Herangehensweisen beschäftigen sich die nächsten Kapitel, mit dem sogenannten „Ideenspeicher“ die folgenden Seiten.

Tatsächlich ist das mit dem Stehlen so eine Sache. Selbstverständlich sollen Sie niemandem eine Idee stehlen, vulgo sie kopieren. Das ist zwar in China[1] das größte Kompliment, aber in unserem Kulturkreis verpönt. Und spätestens, wenn Sie ihre Arbeit einmal bei einem Wettbewerb einreichen, wird Sie

1 Suchen Sie im Netz „China Plagiat Kultur“. Sie finden Dutzende spannende Artikel, warum die chinesische Kultur Kopien so wertschätzt und wie der kommunistische Gemeinschaftsbegriff auch geistiges Eigentum mit „einschließt“. Das macht es für den unfreiwillig Kopierten überhaupt nicht besser, aber zumindest versteht man, warum es passiert.

jede kompetente Jury[2] dafür gnadenlos abstrafen. „Dublette“, also: „Das gab es schon“, ist keine Auszeichnung für dieses Event.

Wie ist das also gemeint, mit dem „Woher nehmen, wenn nicht stehlen“? Im Prinzip gibt es in der Eventbranche oder in der Live-Kommunikation nichts wirklich Neues mehr, alles war schon einmal da. Echt? Na ja, die Rituale bei Events sind bekanntermaßen Tausende von Jahren alt. Und auch wenn das moderne Lagerfeuer nicht mehr auf dem Gletscher lodert, Bedrohungen nur noch selten von Säbelzahntigern ausgehen und moderne Schamanen heute eher unter den Moderatoren, Keynote Speakern oder Event-Konzeptionern zu finden sind, so sind die Wurzeln der Zunft eben doch uralt.

Und dann war da ja auch noch die katholische Kirche, die die Prozesse in Hunderten von Jahren audiovisuell (große Bilder, starke Soundtracks und Choräle), dramaturgisch und multisensorisch (man denke nur an Weihrauch und Wein) strukturiert und so perfektioniert hat. Sie sehen, im Prinzip gibt es schon (fast) alles. Nur die Darreichungsform ist immer wieder neu und anders. Aus der Höhlenmalerei wurde das Deckenfresko, aus der Diashow die 180-Grad-LED. Das Lagerfeuer ist heute Front Cooking, und abgestimmt wird nicht mehr per erhobener Hand, sondern per App. Und die blumige Erzählung aus Orient und Okzident findet heute in 3-D unter der VR-Brille statt.

Aber das soll Sie nicht entmutigen, im Gegenteil.

Die Kunst in der Eventkonzeption liegt in der kreativen Kombination und Interpretation von bekannten und bewährten Ideen.

Ideen finden Sie überall. Wo genau, schildern wir exemplarisch nachfolgend. Entdeckte Ideen kommen dann in den „Ideenspeicher“, aus dem Sie sie bei Bedarf „auslesen“ und für die dann relevante Situation anpassen. Beispiel gefällig?

Vor vielen Jahren besuchten wir in einem Kindermuseum einen „Blinden-Parcours“: Dort brachte man Kindern auf großartige Weise bei, wie sehbehinderte Menschen in ihrer Welt zurechtkommen und über welche Fähigkeiten sie verfügen, die sehende Menschen nicht haben. Das Erlebnis hat uns tief berührt.[3] Jahre später haben wir uns anvertrauten Gästen ein

2 Kompetente Jury, das ist ein wunder Punkt. Leider sind die wenigsten Jurys tatsächlich kompetent. Entsprechend oft wird echter Murks ausgezeichnet.

3 In Wien gibt es ganzjährig den „Dialog im Dunkeln“. www.imdunkeln.at. Den legen wir Ihnen wärmstens ans Herz.

ähnliches Erlebnis ermöglicht, bei dem es um das haptische Kennenlernen von Stoffen und Materialien ging. Die Eröffnung des Marc O'Polo Flagship Stores in Frankfurt war eines der meist beachteten Projekte um die Jahrtausendwende und hat uns viel kreative Anerkennung gebracht.

Wichtig war die Transferleistung, ein besonderes Erlebnis weiterzuentwickeln, auf eine neue Situation anzupassen und authentisch zu inszenieren.

Wie das im Detail funktioniert, lernen Sie im Laufe dieses Buches.

Übrigens, wenn Sie schon einmal eine Blindenbar besucht haben, wissen Sie, wie komisch es sich angefühlt hat, mit einem Schein zu bezahlen, von dem Sie nicht wussten, ob er 5, 20 oder gar 50 Euro wert war. Ihr Gegenüber, der Barkeeper, wusste das. Und Sie mussten sich darauf verlassen, das korrekte Wechselgeld zu bekommen. Und nun? In dem Beispiel geht es um Vertrauen, um blindes Vertrauen. Bitte packen Sie das in Ihren Ideenspeicher. Wer weiß, wann Sie einer Eventaufgabe begegnen (Sie wissen, das heißt ab jetzt Problem), wo es darum geht, blindes Vertrauen unter Beweis zu stellen. So funktioniert Inspiration.

ÜBUNG 6

Inspiration und Ideen für Ihre Events.

Tools: Stift

Zeitbedarf: 5 Minuten

Wo und wovon lassen Sie sich inspirieren? Wo haben Sie schon einmal Ideen eingesammelt, die Sie für Ihre Events einsetzen konnten?

Aufgabe dieses Kapitels ist es nun, Sie dazu zu inspirieren, sich inspirieren zu lassen. Woher kommen all die guten Ideen, die Sie in Ihren Ideenspeicher packen, um sie zur rechten Zeit neu zu denken, anders zu kombinieren, weiterzuentwickeln?

Inspiration kommt von allem, was mit Events zu tun hat.
Inspiration kommt von allem, was nichts mit Events zu tun hat.

Verrückt? Ein Widerspruch? Nein, wunderbar, oder? Merken Sie, dass Eventkonzeption eine der schönsten Aufgaben ist, die man haben kann? Die ganze Welt, alles, was Sie beruflich oder privat sehen, hören und erleben, ist eine Inspirationsquelle für Ihre Arbeit. Vielleicht erklärt das, warum den meisten Eventmanagern ihre Arbeit so ungeheuer viel Freude macht.

Geben wir dem Ganzen Struktur. Beginnen wir mit Inspiration durch andere Events.

Sich von den Arbeiten anderer Kollegen inspirieren zu lassen, ist der erste offensichtliche Schritt. Genau wie der ambitionierte Fußballer seinen Idolen in der Champions League nacheifert und sich dort etwas abschaut, sollten auch Sie das Schaffen anderer intensiv verfolgen. Besuchen Sie so viele Events, wie Sie können. Events Ihrer Konkurrenz – soweit das möglich ist.

Aber auch Veranstaltungen aus anderen Branchen. Schauen Sie, dass Sie über Ihr Netzwerk an möglichst unterschiedlichen Formaten teilnehmen können. Inspiration pur, im besten Fall persönlich erlebt. Viele Ideen für Ihren Speicher.

Nun finden aber viele Veranstaltungen hinter verschlossenen Türen statt. Hier lohnt es sich, die einschlägigen Wettbewerbe zu beobachten und auf diesem Weg mehr Events zu „erleben". Digitalisierung sei Dank, stellen quasi alle Wettbewerbe – neudeutsch Awards – die eingereichten Projekte online. Oft inklusive eines Archives der letzten Jahre. Zeit zum „Fernsehen". Selbstverständlich ist das Sichten von Dutzenden oder gar Hunderten Eventeinreichungen zeitintensiv, aber es lohnt sich.

Nirgendwo sonst bekommen Sie einen so schnellen und intensiven Überblick über die Arbeitsergebnisse einer Branche. In der Regel werden alle eingereichten Events auch per Video dokumentiert und enthalten weitreichende Informationen zu Aufgabe (= Problem), Lösung und Erfolgskontrollen.

Manchmal sogar zum Budget. Und dann sind da noch digitale oder hybride Veranstaltungen, die Sie häufig auch noch im Nachhinein anschauen beziehungsweise durchscrollen können.

Falls Ihnen zu all dem die Zeit oder die Lust fehlt, ist der Besuch eines entsprechenden professionellen Seminars eventuell eine Alternative.[4] Wir scannen beispielsweise jedes Jahr mehrere Dutzend Wettbewerbe weltweit und kuratieren die Ergebnisse, um daraus Trends abzuleiten.

Awards und deren Archive sind ein guter Ausgangspunkt – auch um zu sehen, was es schon alles gab. Wenn Sie den Bogen nun ein wenig weiterspannen, sind Messen, Festivals und „Expos" der nächste logische Schritt. Was Sie dort sehen und erleben, ist eng mit klassischen Events verwandt, aber doch wiederum anders genug, um den berühmten Blick über den Tellerrand werfen zu können.

Viele Messen – auch wenn sie aus ganz anderen Bereichen als dem Ihren kommen – lohnen zumindest alle paar Jahre einen Besuch. Von der einst so glamourösen IAA[5] über die IFA zur Ambiente oder EuroShop – Inspiration finden Sie dort fast immer. Interessant ist es, zu vergleichen, wie unterschiedliche Aussteller die im Prinzip immer gleiche Aufgabe angehen. Jeder Messestand – zumindest, wenn er gut gemacht ist – versucht mit einem anderen kreativen Konzept das immer gleiche Problem zu lösen, Produkte (oder Dienstleistungen) zu verkaufen. Versuchen Sie herauszufinden, was die verantwortlichen Gestalter im Sinn hatten und wie sie es anschließend umgesetzt haben.

Und bevor Sie fragen: Nein, die Branchen-Fachmesse BOE, die Best of Events, ist keine Inspiration. Außer Sie interessieren sich für singende Toilettenfrauen, die neuesten Mietklos oder andere Gimmicks. Auf der BOE hat sich seit dem legendären Artikel im Spiegel inhaltlich erschreckend wenig weiterentwickelt. Bitte lesen und vergleichen. [6]

Auch Festivals liefern Inspiration. Manche sogar so viel, dass sich dafür eine Reise lohnt. Ob zur Ars Electronica nach Linz, zum SXSW ins ferne Austin in Texas oder gar zum Rockstar aller Festivals: dem Burning Man in den

4 Etwa zwei bis drei Mal pro Jahr vermitteln wir in Form eines Tagesseminars „Trendwatch" einen Überblick, was in der Branche gerade in ist und welche Trends Sie kennen sollten. www.masterclass-event.de

5 Frankfurt ist Geschichte, ob das neue Konzept der IAA in München verlorenen Glamour in anderer Form zurückbringt, wird sich über die Jahre zeigen.

6 https://t1p.de/spiegelevent

Südwesten der USA – Ihrer Fantasie setzen nur Zeit und Reisekosten eine Grenze. Allen gemein ist, dass es Formate sind, die eine große Schnittmenge zum täglichen Business-Event haben, aber aufgrund ihrer Historie und ihrer Macher garantiert ganz anders gedacht wurden und daher durch ihre Unterschiedlichkeit inspirieren.

Alle fünf Jahre bietet die „Expo" Grund für eine Reise – und viele, viele Ideen. Seit der Hannover Expo 2000 haben unter anderem Schanghai, Mailand und Dubai die Welt bei sich zu Gast gehabt. Und auch wenn die ehemalige „Weltausstellung" heute eher eine Konsumentenshow mit Tourismuscharakter ist, ist ein Besuch unbedingt empfehlenswert. Über 100 Pavillons, in denen sich entsprechend viele Länder von ihrer besten Seite präsentieren. Immer dabei: neueste Technik, brillante Inszenierungen, künstlerische Statements – und viele Gelegenheiten, unsere Mitbürger aus aller Welt in ihrem Selbstverständnis hautnah zu erleben.

Bleibt noch die Kunst. Auch sie ist logischerweise eine wichtige Quelle der Inspiration. Kunst hat sich in den letzten Jahrzehnten in Teilen vom Bild entfernt und nutzt heute häufig auch Installationen, um ihre Botschaft zu verbreiten. Vieles davon hat stark „eventiven" Charakter, und so gehören Besuche auf der Documenta, der Biennale in Venedig oder anderen großen Kunstausstellungen zum unverzichtbaren Programm für jeden ambitionierten Event-Konzeptioner.

ÜBUNG 7

Inspiration und Ideen für Ihre Events.

Tools: Ihr Fotoalbum, Ihre „Miles & More"-Karte, eine Weltkarte

Zeitbedarf: 3 Minuten

Hand aufs Herz: Welche der eben skizzierten „Events" haben Sie schon besucht, um sich inspirieren zu lassen? Erstellen Sie jetzt eine Liste:

Einige der beschriebenen Inspirationsquellen erscheinen Ihnen auf den ersten Blick vielleicht etwas fremd. Das ist nachvollziehbar. Aber genauso wie bei der Inspiration durch klassische Events hängt es nur von Ihrem Abstraktionsvermögen ab, wie Ihnen solche Erlebnisse helfen können. Nichts kann man 1:1 und unmittelbar auf Ihre eigenen Events übertragen (sonst wäre es tatsächlich eine kopierte Idee), aber wenn Sie die erforderliche Übersetzungsarbeit leisten, werden Ihnen die Ideen nie ausgehen. Viele Techniken, die Sie später noch kennenlernen werden, wie „Überhöhung" oder „Abstraktes konkret machen", entstammen solchen Anlässen.

Abstraktion, Übersetzung und Adaption sind drei Techniken, mit denen Ihnen fast alles gelingen kann – und die erfolgreiche Kreative und Event-Konzeptioner in aller Welt seit vielen Jahren anwenden. Wir sprachen bereits darüber, dass Events so stark in der Mitte unseres Lebens und unserer Kultur verankert sind, dass sie viele Lebensbereiche beeinflussen: Theater, Kunst, TV, Shopping, Technologie, Tourismus oder Kulinarik.

Folgerichtig kommen auch aus all diesen Bereichen Inspirationen. Sie müssen sie nur erkennen und in Ihren Ideenspeicher laden. Beispiele? Wie inszenieren sich Hotels oder Fluggesellschaften? Wie vermitteln die Swissôtels ihre Schweizer Herkunft, wie laden sie ihren Markenkern auf, um sich als Hotel im Gedächtnis der Gäste zu verankern? Lesen Sie nach, wie Singapore Airlines seit 30 Jahren vieles anders macht und so regelmäßig einer der besten Fluggesellschaften der Welt ist. Und analysieren Sie, welchen (multisensorischen) Hype Abercrombie & Fitch vor einigen Jahren sehr erfolgreich veranstaltet hat, um ihre ansonsten eher austauschbaren Modeprodukte an den Mann und die Frau (egal wie alt) zu bringen.

Jeder bewusste Bummel durch die Innenstadt oder eine Shoppingmall bietet solche Inspirationen. Jeder Restaurantbesuch – auch der bei McDonald's – kann ein Lehrstück sein, wie man seine Produkte inszeniert. Denn egal ob Einzelhändler, Eventverantwortlicher oder Theaterregisseur, alle kämpfen um das Gleiche: um die Aufmerksamkeit und die Gunst der Menschen.

Achten Sie ab jetzt darauf, wo etwas von der Norm abweicht, wo etwas Außergewöhnliches geschieht, wo man die bekannten Wege verlässt, wo ganz ungewohnte Aspekte betont werden – das sind Ihre Inspirationen. Und das unerschöpfliche Potenzial für Ihren Ideenspeicher.

ZUM MITNEHMEN

Sie haben den Schreck überwunden, dass es rund um Events nichts wirklich Neues mehr gibt. Denn Sie wissen nun, dass die Kombination von Bewährtem und dessen „Umwidmung“ Ihnen für den Rest Ihrer Karriere immer wieder Neues (und Wirkungsvolles) liefern wird. Vorausgesetzt, Sie haben einen gut gefüllten Ideenspeicher. Wie das ganz einfach geht, wissen Sie ja jetzt auch.

05
DAS PHÄNOMEN KREATIVITÄT.

Das Phänomen Kreativität.

Kapitel 5 ist weder bunt noch laut noch chaotisch. Obwohl es doch von Kreativität handelt. Gleich erfahren Sie, warum A nichts mit B zu tun hat. Stattdessen erklären wir, warum es um effektive Methoden geht, um ein Problem zu lösen. (Da ist es wieder, das Problem.) Und zu guter Letzt, was das mit Ihrem Ansehen im Unternehmen zu tun hat.

In unseren Eventkonzeptions-Seminaren bitten wir unsere Teilnehmer zu Beginn, den Begriff „Kreativität“ zu definieren. Hier stellt sich schnell heraus, dass es gar nicht so einfach ist, eine klare Definition zu formulieren. Also behelfen wir uns zunächst mit einer kleinen Sammelaufgabe: „Welche Begriffe assoziieren Sie mit Kreativität?“ und „Was ist für Sie kreativ?“.

ÜBUNG 8

Schreiben Sie spontan die Begriffe auf, die Ihnen zum Thema Kreativität einfallen. Und bitte: Erst wenn Sie die Begriffe notiert haben, dürfen Sie weiterlesen.

Tools: Stift und Scheuklappen

Zeitbedarf: 3 Minuten

Kreativ ist für mich:

Bei dieser Übung bekommen wir mit großer Treffsicherheit die folgenden Assoziationen: neu, ungewöhnlich, anders, bunt, verrückt, originell, wild, frei, unstrukturiert, chaotisch.

So weit, so gut. Und auch definitiv nicht falsch. Diese ersten spontanen Gedanken offenbaren aber auch eine weitverbreitete Vorstellung, die Kreativität in erster Linie mit Berufen aus der bildenden und darstellenden Kunst in Verbindung bringt.

Hier fängt das Missverständnis an. Auch wenn Joseph Beuys gesagt hat „Jeder Mensch ist ein Künstler“[1] – die meisten Menschen, die auf der logistisch-organisatorischen Seite der Eventbranche arbeiten, sehen sich weder als Künstler noch als Kreative. Sie unterschätzen somit ihre eigene Fähigkeit zur Kreativität.

Doch halt, einen Schritt zurück. Wie definieren wir denn jetzt Kreativität im Kontext von Events und Live-Kommunikation? Aus einer Vielzahl von Definitionen erscheint uns diejenige des US-amerikanischen Kognitionspsychologen Joy Paul Guilford als besonders passend. Sie bezeichnet als kreativ „jede neue, noch nicht dagewesene, von wenigen Menschen gedachte und effektive Methode, ein Problem zu lösen“.[2]

Da ist es schon wieder, unser Schlüsselwort „Problem“. Darüber haben wir ja ausgiebig in Kapitel 2 gesprochen. Bei Kreativität im Zusammenhang mit Marken- und Unternehmenskommunikation, wozu wir Unternehmensevents zählen, geht es darum, Probleme zu lösen. Und zwar auf eine erstens neue, noch nicht da gewesene, von wenigen Menschen gedachte und zweitens effektive Weise.

Schauen wir uns das genauer an: „Neu“ – das ist einleuchtend. Niemand würde eine „alte“ Problemlösungsmethode als kreativ bezeichnen. Doch was heißt „neu“? Das kann man unterschiedlich weit fassen. Ganz universell oder begrenzt – zum Beispiel auf den Bereich der Live-Kommunikation oder auf eine bestimmte Branche, einen speziellen Anlass oder auch auf eine Region.

Das Gleiche gilt auch für „noch nicht da gewesen“. Ein sehr hoher Anspruch – gerade in der Kommunikation. Wie bereits dargelegt: Im Eventbereich gab es schon fast alles. Die neue Kombination, Interpretation und Umdeutung ist in unseren Augen „genug“, um den postulierten Anspruch zu erfüllen.

1 Quelle: https://www.dw.com/de/beuys-2021-jeder-mensch-ist-ein-künstler/a-57018264
2 Quelle: https://de.wikipedia.org/wiki/Kreativität#Alternative_Definitionen

„Von wenigen Menschen gedacht" ist ein Kriterium, das mehrheitlich Kopfnicken hervorrufen wird. Es passt schließlich gut in das vorherrschende Bild von Kreativität. Andererseits: Was wissen wir schon, was andere Menschen denken oder gedacht haben, wenn sie es nicht kommunizieren? Umso wichtiger ist es daher übrigens, seine Ideen auch zu artikulieren. Sie kennen das garantiert, dass Ihnen in einem Meeting oder Brainstorming eine Idee in den Kopf geschossen ist und Sie gezweifelt haben, ob Sie sie äußern sollen. Vielleicht weil am Tisch ein Kollege saß, der gerne nörgelt und jedes zarte Ideenpflänzchen mit groben Bedenken platt trampelt. Oder weil Sie nicht sicher waren, ob die Chefin diese Idee mögen würde. Oder weil sich lautere Kollegen permanent nach vorne gedrängelt haben und Sie nicht zu Wort kommen ließen. Oder, oder, oder. Sie sehen, es gibt ganz sicher sehr, sehr viele gute Ideen, die gedacht wurden, aber nie den Weg aus den Köpfen ihrer Schöpfer gefunden haben. Beginnen Sie, das für sich selbst zu ändern.

Schauen wir jetzt noch auf das Wort „effektiv". Das bringt man ja spontan erst mal nicht mit Kreativität in Verbindung. Wenn es jedoch um kreative Problemlösung geht, ist Effektivität eine notwendige Bedingung. Denn ein Problem kreativ, aber uneffektiv zu lösen ist irgendwie Käse. Oder manchmal Kunst.

Wir halten also fest: Wenn wir in der Live-Kommunikation von Kreativität sprechen, scheint uns problemlösende Kreativität geeigneter zu sein, als es die in der Kunst vorherrschende schöpferische Kreativität ist. Was nicht heißt, dass Letztere im Kontext von Events nichts zu suchen hat, aber sie hat nicht unmittelbar das Ziel, Probleme effektiv zu lösen.

Und das führt uns zu einem anderen weitverbreiteten Missverständnis: dass Kreative im Eventbereich irgendwie Künstler sein und sich auch so gerieren müssen, um als solche akzeptiert zu werden. Extrovertierte Menschen in unkonventionellen Outfits – karierte Hosen, bunte Brillen, Tattoos, Mützen, extrem seltene Sneaker. Gepaart mit der kategorischen Ablehnung von „einengenden" Strukturen, wie Excel-Tabellen, Budgets, Naturgesetzen oder allem, was irgendwie mit „Mathe" oder – noch schlimmer – BWL zu tun hat.

Dagegen gelten Menschen, die Berufe wie Steuerberaterin, Wirtschaftswissenschaftler, Anwältin, Maschinenbauingenieur oder Informatikerin ausüben, gemeinhin nicht als kreativ. Introvertierte Kolleginnen und Kollegen übrigens häufig auch nicht.[3] Dabei kann beispielsweise Steuerberaterin ein

3 Vielleicht, weil sie nicht zu Wort kommen, siehe oben.

sehr kreativer Beruf sein. Ein Problem – die zu hohe Steuerlast – soll effektiv gelöst werden, und zwar mit neuen und von wenigen (vor allem nicht von Finanzbeamten) gedachten Methoden.

Warum sollte also Kreativität nur denen vorbehalten sein, die sich für kreativ halten, einen als kreativ geltenden Beruf haben und sich entsprechend in Szene setzen? Die Psychologin und Kreativitätsforscherin Dr. Caroline Di Bernardi Luft von der Queen Mary University in London sagt: „Es gibt diesen Mythos, dass Menschen entweder kreativ sind oder nicht. Viele denken, sie seien nicht kreativ, wenn sie nicht künstlerisch begabt sind oder Musik komponieren können. Dabei sind wir alle auf die eine oder andere Weise kreativ."[4]

Warum also halten sich Menschen, wie zum Beispiel leider auch viele Eventmanager in Unternehmen, für nicht besonders kreativ? Die Gründe sind vielfältig. Wenn man bedenkt, dass der Mensch an sich ja ein kreatives Wesen ist und Kinder, beispielsweise im Vorschulalter, ein relativ homogenes Kreativitätslevel haben, muss man zu dem Schluss oder der These kommen, dass unter anderem Erziehung und Bildungssystem ein Grund sein könnten, dass wir nach und nach unsere Kreativität verlieren.[5]

Der Rest an Kreativität kann uns dann noch im Berufsleben ausgetrieben werden. In vielen Unternehmen herrschen leider tendenziell kreativitätsfeindliche Strukturen. Doch seit ein paar Jahren dämmert es Verantwortlichen in Bildung und Wirtschaft, dass Kreativität gefördert und nicht unterdrückt werden sollte.

Warten Sie nicht darauf, sondern fangen Sie am besten gleich bei sich selber an. Wir können Sie nur ermuntern, mutig zu sein und Kreativität zu wagen. Es fühlt sich sicher anfangs erst mal ungewohnt oder gar schwer an, und man fällt auch gerne schnell wieder in gewohnte Muster zurück. Aber wenn Sie dranbleiben, werden Sie mit der Zeit merken, dass Sie kreativer sein können, als Sie jetzt vielleicht denken. Das wird Ihnen helfen, bessere und wirkungsvollere Events zu entwickeln und umzusetzen. Oder auch Konzepte, die Ihnen präsentiert werden, besser hinsichtlich ihrer Kreativität zu beurteilen.

4 In BR Wissen, https://www.br.de/wissen/neuropsychologie-kreativitaet-gehirn-100.html

5 Der Deutschunterricht an bayerischen Gymnasien sieht zum Beispiel nach der 5. Klasse kein kreatives Schreiben mehr vor. Schüler dürfen sich dann nur noch mit Textanalysen, Erörterungen und Gedichtinterpretationen herumschlagen.

Denn eins ist sicher: Kreativität ist zur Lösung eines Problems, auf dem Weg zur Erreichung sauber definierter Ziele ein wirkungsvolles, unverzichtbares Werkzeug. Kreativität ist eine Superpower.

Und Kreativität hat noch eine ungeahnte und für Sie sehr positive Nebenwirkung: Sie verändert und verbessert Ihr Standing im Unternehmen. Wer als kreativ gilt, hat mehr „Gewicht" als jemand, dem man nur gute (oder natürlich in Ihrem Fall perfekte) Organisation zutraut. Vom Organisator erwartet man Organisation, vom Kreativen Ideen. Sie sehen, es lohnt sich. Auch für Sie persönlich.

ZUM MITNEHMEN

Menschen mit verrückten Schals, bunten Brillen und wirren Haaren werden Ihnen in Zukunft nicht mehr automatisch kreativ erscheinen. Und ein kreatives Eventkonzept ist eines, das einen neuen (und wirkungsvollen) Weg gefunden hat, ein Kommunikationsproblem zu lösen. Vielleicht haben Sie schon gespürt, dass unser systematisches Vorgehen tatsächlich verlässlich zu guten Ideen führt. Wenn nicht, kein Problem – wir haben ja noch sechs Kapitel.

06
DER KREATIVE PROZESS.

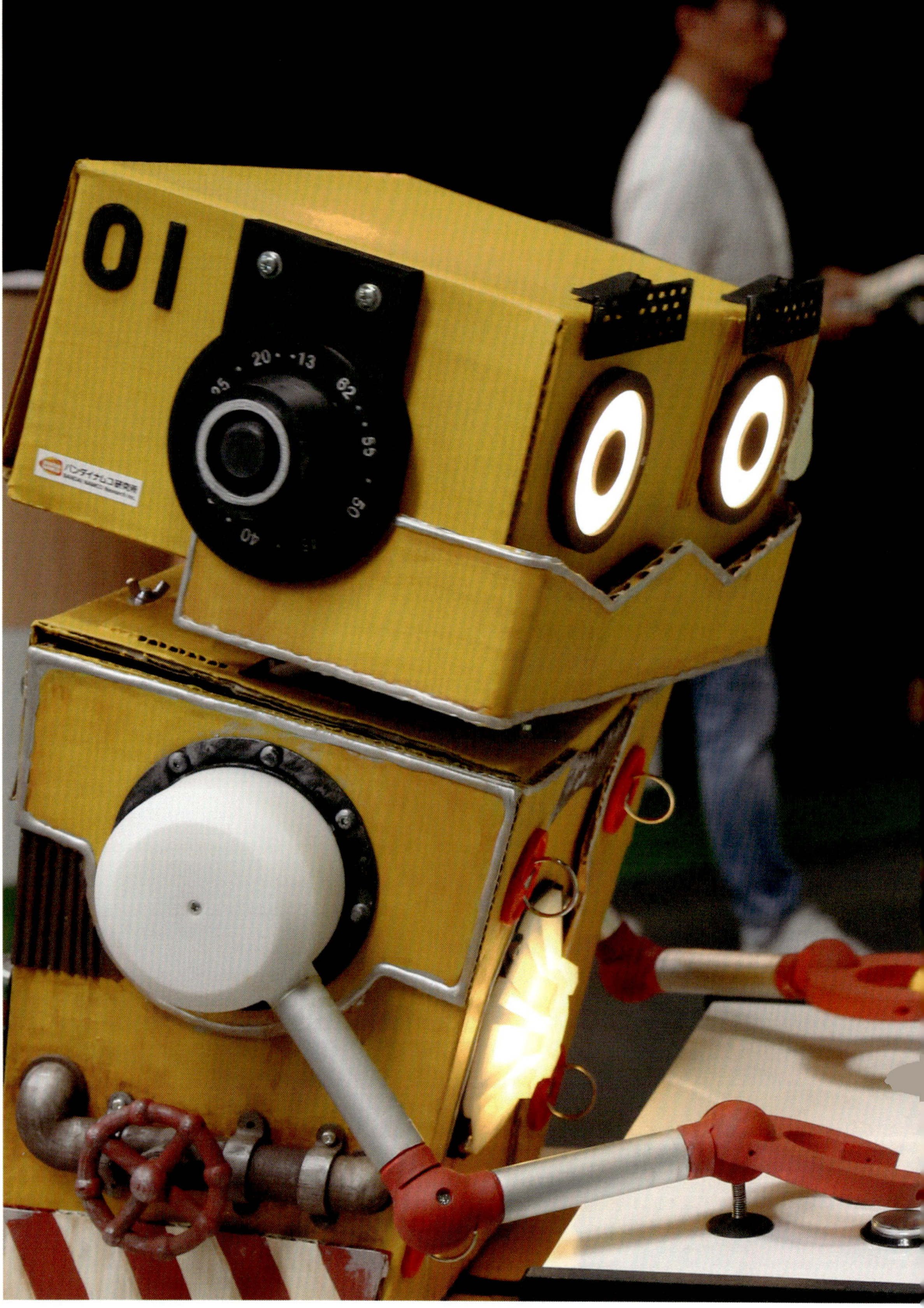

Der kreative Prozess.

Regeln, Strukturen, Fleiß und Raum. Klingt nicht nach kreativer Arbeit. Ist aber die erfolgreiche Grundlage des kreativen Prozesses, den Sie nachfolgend kennenlernen. Außerdem zeigen wir, wie Sie auch als einsamer Einzelkämpfer zu einem schlagkräftigen Team kommen. Und wir verraten, warum Sie sowohl Chefs als auch Zitronen meiden sollten.

Es liegt vor Ihnen. Das „perfekte Briefing". Und Ihr Ideenspeicher ist gut gefüllt. Nun beginnt der kreative Prozess. Die Phase, in der man viele Ideen generiert. Hoffentlich auch viele gute. Dabei unterstützt Sie dieses Buch. Und tatsächlich gibt es viele Tricks, die dafür sorgen, dass Ihre Ideen fließen. Schnell, verlässlich, gut. Wenn Sie, wie wir in fast zwanzig Jahren als kreative Berater, darauf angewiesen sind, dass Ideen tatsächlich stets, reichhaltig und in hoher Qualität entstehen, sucht man nach Mitteln und Wegen, den an und für sich unberechenbaren kreativen Prozess zu unterstützen. Was wir dabei gelernt haben, kann man tatsächlich wie folgt zusammenfassen:

Der kreative Prozess braucht Raum, Zeit, ein Team und Fleiß. Und noch zwei, drei andere Dinge.

KREATIVITÄT BRAUCHT EIN TEAM.

Beginnen wir in der Mitte, mit dem Thema „Team". Es mag tatsächlich Menschen geben, die allein und nur auf sich gestellt sehr kreativ sein können. Ganz bestimmt, aber die sind die Ausnahme, und selbst die wären vermutlich in einem Team noch etwas kreativer. Wenn Sie sich mit Menschen in kreativen Berufen – wir sprechen nicht von Künstlern – beschäftigen, merken Sie, dass fast alle von ihnen in Teams arbeiten. Bekanntestes Beispiel sind sicher Kreative in der Werbung. Dort entstehen seit Jahrzehnten Kampagnen für TV und Internet, für Radio und soziale Medien, für Plakate oder Printprodukte. Die Menschen dort arbeiten immer schon in Teams, um Ideen zu „produzieren". Eins plus eins ist dort verlässlich mehr als zwei.

Warum sollte dies im Eventgeschäft anders sein? Warum herrscht noch immer die Meinung vor, der Eventmanager (Achtung, Einzahl) sei bestens in der Lage, stets gute, neue Ideen zu entwickeln? Wir empfehlen Ihnen dringend, dies zu ändern. Arbeit im Team macht nicht nur mehr Spaß, sondern liefert regelmäßig bessere Ergebnisse.

Und, in welcher Situation arbeiten Sie? Sind Sie Einzelkämpfer und allein für Events zuständig oder sind Sie Teil einer größeren Eventtruppe? Ist es Letzteres, so liegt die Lösung auf der Hand. In Zukunft gemeinsam mit Ihren Kollegen Ideen und Konzepte erarbeiten, im Anschluss wie gewohnt und Ihren

Organisationsstrukturen entsprechend planen und umsetzen. Bei vielen Inhouse-Trainings, die wir in Unternehmen oder Verbänden durchgeführt haben, stieß dieser Vorschlag anfangs auf Skepsis, da man entlang von Funktionen oder Zielgruppen organisiert war und in der täglichen Arbeit wenig Schnittmengen hatte. Aber alle, die es ausprobiert haben, waren begeistert. Der Austausch mit anderen, die fehlende Betriebsblindheit oder schlicht das, was man heute als „Diversity“ bezeichnet, lieferte neue Herangehensweisen und Ergebnisse. Uns ist kein Fall bekannt, wo man anschließend wieder zur Silo-Arbeit zurückgekehrt ist. Der Kollegenkreis als Pool für Kreativität hat sich bewährt. Probieren Sie es aus.

„Schön und gut“, sagen Sie, „aber ich bin ganz allein auf weiter Flur. Niemand außer mir beschäftigt sich in meinem Umfeld mit Events. Mit wem soll ich da ein Team bilden?“ In dem Fall gibt es drei Möglichkeiten.

Gibt es irgendwo in Ihrem Unternehmen noch andere Menschen, die sich mit Events beschäftigen? Bei einem Tochterunternehmen, in einer anderen Niederlassung, im Ausland oder auf Corporate Level? Dann wären das potenzielle Partner für Sie und Ihren nächsten Ideenfindungsprozess.[1] Interne Schwierigkeiten wie Kostenverrechnung, Zuständigkeit, Ressourcenallokation und so weiter sollten mit etwas gutem Willen überwindbar sein. Schließlich profitieren beide Seiten und damit auch das Unternehmen davon, wenn Sie einen neuen „Veranstaltungs-Thinktank“ auf die Beine stellen.

Auch mit dieser Perspektive Fehlanzeige? Niemand weit und breit, der mit Live-Kommunikation, Events oder Messen zu tun hat? Schade, aber auch in dieser Situation gibt es Möglichkeiten. Was ist mit Kollegen – egal aus welchem Bereich –, die einem als kreativ aufgefallen sind? Die gibt es in jeder Organisation. Unter den jungen Kollegen, den Assistenten, in der Grafik oder, oder, oder. Sie erkennen diese Menschen leicht daran, dass sie „auffallen“. Mit ihrem Auftreten, mit der coolen Einlage auf der Weihnachtsfeier oder der besten Idee beim Geburtstagsgeschenk. Auch solche Kollegen können es sein, die Ihnen bei der Ideenfindung helfen können. Probieren Sie es aus.

1 Übrigens, unabhängig von der gemeinsamen Arbeit während der Konzepterstellung, wie wäre es mit der Gründung einer „Interessengruppe Event“ zum Austausch, zur Inspiration, zum internen Lobbying?

ÜBUNG 9

Wer könnte ein guter Sparringspartner sein für die nächste Nuss, die ich knacken muss? Fünf Namen (okay, mindestens drei).

Tools: Telefonliste, Mitarbeiterverzeichnis

Zeitbedarf: 3 Minuten

Gute Sparringspartner:

Last, but not least können Sie natürlich auch zeitlich begrenzt externe Hilfe in Anspruch nehmen. Freie Kreative arbeiten regelmäßig auf den unterschiedlichsten Projekten und für alle Branchen. Diese enorme Erfahrung können Sie „anmieten", in der Regel mit geringeren Kosten, als Sie denken. Und der gemeinsame Erfolg wird Ihnen recht geben. Testen Sie es!

Mit einem oder mehreren Kollegen machen Sie sich nun an die Arbeit. Ob mit Brainstorming, Brainwriting oder einer der vielen anderen Kreativitätstechniken (mehr dazu später im Buch). Wir sind jetzt schon gespannt, was dabei herauskommt. Noch ein Tipp: Zu viele Menschen, zu große Gruppen sind fast genauso schlecht wie die Arbeit als Einzelkämpfer. In unserer Praxis hat sich eine Gruppengröße von drei bis fünf Personen als ideal herausgestellt.

KREATIVITÄT BRAUCHT ZEIT.

Wann immer wir auf Seminaren, in Talkrunden und bei Inhouse-Schulungen fragen, wie viel Zeit sich unsere Gegenüber für die Ideenfindung nehmen[2], bekommen wir einen großen Schreck. Ideenfindung und Konzeption laufen

2 Nehmen, nehmen können oder nehmen dürfen.

quasi nebenbei, für sie ist nur in den seltensten Fällen ausreichend Zeit allokiert. Erfahrungswerte zeigen, dass Dutzende von Stunden nötig sein können, speziell wenn es darum geht, eine harte Nuss zu knacken.[3] Fakt ist, gute Eventkonzeption braucht Zeit, ausreichend Zeit.

Ideen zu haben, so weiß auch der berühmte Illustrator und Topkreative Christoph Niemann[4], verlangt Geduld. Das können wir bestätigen. Nach unserer Erfahrung ist jeder, der sich mit Events beschäftigt, kreativ. Nur eben häufig auch ungeduldig und ein wenig vorschnell. Reservieren Sie also bitte entsprechend Zeit für Ihre Ideenfindung. Nicht zu viel am Stück, nach 90 Minuten Brainstorming ist jeder Kopf leer und braucht eine Pause. Aber in Summe genügend Blöcke, um mit hoher Wahrscheinlichkeit auf eine gute Lösung zu kommen. Wie viel das ist? Das hängt ganz stark von Ihnen, Ihrer Erfahrung und der Härte der Nuss ab. Aber im zweistelligen Stundenbereich wird es sein.

Noch ein Hinweis, wenn Sie mehrere „Sessions" für die Ideenfindung terminieren, lassen Sie Pausen dazwischen. Mindestens eine Nacht, gerne ein Wochenende. Was heute nicht ging, wird unter Druck und Zwang im direkten Anschluss vermutlich auch nicht gelingen. Etwas Abstand hilft. Enorm.

KREATIVITÄT BRAUCHT FLEISS.

Das leitet wunderbar zum Thema „Fleiß" über. Wieder so ein Wort, das man zunächst nicht mit Kreativität zusammenbringen mag. Beide sind aber eng miteinander verwandt. Tatsächlich ist Fleiß eine Voraussetzung für gute Eventkonzeption. Oft, gerade bei den harten Nüssen, stellt sich nämlich bei der „erstbesten" Idee eine große Erleichterung ein und man ist von seinen Einfällen beseelt, erleichtert über den kreativen Erfolg. Fleiß heißt nun, dass man sich eben nicht mit der ersten Idee zufriedengibt, sondern weitermacht. Gemäß dem Motto „das Bessere ist der Feind des Guten" sollte man versuchen, noch auf weitere, potenziell noch bessere Ideen zu kommen. Erst wenn man in Retrospektive sieht, dass die erstbeste Idee tatsächlich die Beste war, endet die Übung.

3 Trivia. Die Redewendung von der harten Nuss gibt es seit dem 16. Jahrhundert. Damals machte man sich noch Gedanken über den Verlust eines Zahnes beim Knacken.

4 Christoph Niemann: Abstract City – Mein Leben unterm Strich, S. 258, Knesebeck, 2012.

KREATIVITÄT BRAUCHT RAUM.

Der Farbe Gelb wird ein positiver Effekt auf Kreativität zugesprochen. Folgerichtig war immer einer unserer Meetingräume gelb gestrichen. Und auch an berühmten Orten wie dem kreativen Haus im kreativen Worpswede begegnen Sie der kreativen Farbe oft. Wir erwarten nicht, dass Sie nun Ihr Büro im Corporate Headquarter gelb anstreichen, aber in vielen modernen Büros entstehen immer mehr „kollaborative Flächen", auf denen es sich gut kreativ sein lässt. Am eigenen Schreibtisch ist das eher schwierig. Das klingelnde Telefon, das bimmelnde E-Mail-Programm und der bummelnde Kollege machen kreatives Arbeiten schwer bis unmöglich. Suchen Sie sich also so einen kreativen (Frei-)Raum, einen Ort, an dem Sie (und Ihr Kreativteam) ungestört, in Ruhe, bequem und entspannt nachdenken können.

Ein Ort kann und sollte auch außerhalb Ihrer Office-Wände sein. Eine neue Umgebung inspiriert, eine neue Umgebung schafft Raum für Neues. Der eigene Schreibtisch (mit all den Herausforderungen und Problemen, die auf ihm liegen) ist viel eher ein Hemmnis. Also, packen Sie Ihre Sachen, suchen Sie ein nettes Café um die Ecke, gehen Sie spazieren oder setzen Sie sich in den Park. Jeder Ort, der Ihnen Freiraum gibt, ist geeignet. Die versicherungstechnischen Auswirkungen sollten wir an dieser Stelle bitte nicht zu hoch aufhängen. Und selbst das konservativste Unternehmen beurteilt spätestens seit der Corona-Pandemie schiere Präsenz am Schreibtisch nicht mehr als das einzige Kriterium. Also, auf geht's. Raus mit Ihnen! Und kommen Sie mit schönen Ideen zurück.

KREATIVITÄT BRAUCHT KEINE CHEFS. UND KEINE ZITRONEN.

Noch zwei wichtige Tipps zum Ende. Sollte ein „Chef" im Kreativprozess eingebunden sein oder ein Praktikant, dann sollte das keine Rolle spielen. Ideen sind weder gut, weil sie von oben kommen, noch schlecht, weil sie von unten stammen. Jede Idee, egal von wem sie kommt, ist eine Idee. Bitte predigen Sie das vor jedem Kreativtermin: Eine Idee ist eine Idee ist eine Idee.[5] Das ist nicht leicht – im Gegenteil, es ist eine Herausforderung.

Jede kritische Äußerung zu einer vorgebrachten Idee erstickt gute Ansätze im Keim. Also weg mit diesen selbst gewählten Beschränkungen. Jede Idee, die geäußert wird, wird erst mal notiert. Das steht in jedem Buch über Kreativität und Techniken. Und das stimmt. Also alles aufschreiben. Ganz neutral und ohne Wertung.

5 Niemand kann das besser predigen als unser ehemaliger Kreativdirektor Prof. Christian C. J. Schmachtenberg.

Apropos Wertung: Wissen Sie, was ein Zitronengesicht ist? Es kommt besonders bei erfahrenen Eventlern, Projektleitern und Produktionern vor. Die betreffende Person hört einen Gedanken und macht unverzüglich ein Gesicht wie jemand, der in eine Zitrone gebissen hat. Meist begleitet von einem lang gezogenen Zischlaut. Er oder sie will damit ausdrücken, dass diese Idee zwar super ist, aber leider nicht umsetzbar, da entweder zu aufwendig oder zu teuer oder schlicht nicht praktikabel. Zitrone, Zischen, Erklärung – ein tödlicher Dreiklang, der noch jede vielversprechende Idee im Keim erstickt hat. Menschen mit einer Neigung zum Zitronengesicht sollte man vom kreativen Prozess daher tunlichst fernhalten.

Haben Sie gemerkt, dass Kreativität eine Pflanze ist, die auf manchen Böden besser gedeiht als auf anderen? Dann haben Sie den Grundstein für die nächste Stufe Ihrer Eventkonzeption bereits gelegt. Vermeiden Sie all die Dinge, die unnötig Druck aufbauen, ermöglichen Sie alles, was für Ruhe, Freiraum und Inspiration sorgt. So wie beim Briefing, das wir vor einigen Kapiteln besprochen haben. Nicht einschränken und behindern, sondern erweitern und inspirieren.

Der krative Prozess

ZUM MITNEHMEN

Auch dieses Kapitel hat wieder mit einem Missverständnis aufgeräumt. Kreativität entsteht nicht zufällig. Tatsächlich helfen Regeln und Strukturen enorm dabei, verlässlich auf gute Ideen und Konzepte zu kommen. Wenn Sie jetzt noch Ihr Büro gelb streichen, kann nichts mehr schiefgehen. Alternativ zu Pinsel und Farbe können Sie aber auch schnell das nächste Kapitel in Angriff nehmen.

07
KREATIVITÄTSTECHNIKEN.

Kreativitätstechniken.

Kreativität ist nicht planbar? Theoretisch richtig, aber wir zeigen Ihnen, mit welchen Methoden Sie trotzdem verlässlich Ideen produzieren. Mit welchen Tricks Sie mehr aus Brainstormings rausholen. Wofür sich Brainwriting, 635 oder der Morphologische Kasten besonders eignen. Und wo Ihnen sonst noch gute Ideen über den Weg laufen.

Im vorherigen Kapitel haben Sie gelernt, was Sie brauchen, um möglichst gute Bedingungen für Ihren kreativen Prozess zu schaffen. Lassen Sie uns jetzt tiefer in die Welt der (mehr oder weniger) systematischen Ideenfindung einsteigen.

Hierzu hat sich in den letzten Jahrzehnten ein gut sortierter Werkzeugkasten aus unterschiedlichen Techniken angesammelt. Diese sollen kreatives Arbeiten in Strukturen gießen und reglementieren, um es besser plan- und kalkulierbar zu machen. Über diese Kreativitätstechniken ist schon viel geschrieben worden. Wir stellen Ihnen hier einige Methoden vor, mit denen wir selbst häufig im Team gearbeitet haben und die am Ende meist gute bis sehr gute Ergebnisse erbracht haben.

Dennoch gilt auch bei den folgenden Tools einer unserer zentralen und wichtigsten Sätze: „The medium is not the message“[1]. Beziehungsweise hier leicht abgewandelt: „The Kreativitätstechnik is not the message“. Was wollen wir damit sagen? Die Anwendung einer bestimmten Methode oder Technik allein führt noch nicht automatisch zum Erfolg. Mindestens genauso wichtig sind, wie im vorigen Kapitel besprochen, die handelnden Personen sowie der räumliche, zeitliche und atmosphärische Kontext, in dem die Ideen entstehen.

BRAINSTORMING.

Das Brainstorming ist sicherlich die bekannteste Methode, um kreative Ideen zu produzieren, aber auch eine der umstrittensten. Wahrscheinlich haben Sie auch schon mehrfach an Brainstormings teilgenommen. Welche Erfahrungen haben Sie gemacht? Unsere waren jedenfalls besser, als die teils berechtigten Kritiken[2] an diesem Kreativitätstool vermuten lassen.

Die Regeln sind bekannt: Eine Gruppe (ideal sind drei bis fünf Personen) trifft sich in einem Raum – der übrigens auch virtuell sein kann, zum Beispiel über ein Videokonferenztool. Jede Person in der Gruppe darf alles, was ihr zu einer definierten Aufgabenstellung (in Ihrem Falle also Ihr Event, Kongress, Messeauftritt, Ihre Promotion ...) einfällt, zum Besten geben. Ein vorab zu definierender Moderator und Protokollant schreibt jede Wortmeldung

1 Bliss C. Cartwright und R. Stephen Warner: The Medium is not the Message, S. 639-60, in: Loubser, Baum, Effrat, Lidz: Explorations in General Theory in Social Science, Band 2; New York: Free Press 1976.

2 Vgl.: https://www.spiegel.de/karriere/brainstorming-warum-das-gruppen-gruebeln-unsinnig-ist-a-1089653.html

stichwortartig, gut sicht- und lesbar auf Flipcharts oder Tafeln. Wie gesagt, beim Brainstorming ist alles erlaubt, bitte auch abwegige oder „verrückte" Gedanken.

Kritik dagegen ist in dieser Phase verboten, um Ideen in ihrer Frühphase noch nicht abzuwürgen. Letzteres ist eine ganz entscheidende Regel, insbesondere, wenn Sie nervöse Führungskräfte oder notorische Nörgler oder beides im Team haben. Schließlich kann man jede auch noch so gute Idee kaputtreden. Bedenken Sie immer: Neue, wirkungsvolle Konzepte können nur entstehen, wenn Sie die Komfortzone ausgetretener Pfade und des Business-as-usual verlassen. Dafür müssen Sie Unkonventionelles, Verrücktes oder gar Schwachsinniges erst mal zulassen. Das bringt Ihnen und den anderen Teilnehmern wertvolle Inspiration.

Achten Sie zudem, wie schon erwähnt, bei der Zusammenstellung der Gruppe darauf, auch Personen einzuladen, die Ihr Eventprojekt noch nicht kennen oder die sogar komplett fachfremd sind. Dieser Blick von außerhalb des Tellers ist mindestens genauso wichtig wie der Blick über den Tellerrand all derjenigen, die sich innerhalb des Tellers (also im Projektteam oder in Ihrer Abteilung) befinden.

Dazu ein Beispiel aus unserem Masterclass-Seminar „Eventkonzeption": Hier arbeiten wir mit unseren Teilnehmern an realen Aufgabenstellungen, die diese mitbringen und den anderen vorstellen. Nach einem ausführlichen Briefing machen sich Teams aus je drei bis vier (sich einander meist wildfremden) Teilnehmern an die Ideenfindung. Und siehe da: Es entstehen jedes Mal in kürzester Zeit eine Reihe von spannenden, kreativen, überraschenden Ideen.

Warum? Weil wir die Gruppe stets ohne die Person, die das Projekt mitgebracht hat, arbeiten lassen. (Die arbeitet in einem anderen Team an einer anderen, ihr fremden Aufgabe.) Es fehlt also zunächst der – in diesem Fall zu Recht unerwünschte – „Filter" desjenigen, der die Rahmenbedingungen kennt und daher kaum noch einen neuen oder vermeintlich abwegigen Gedanken zulässt. Keine Angst, im Nachgang darf die Project Ownerin die entstandenen Ideen natürlich sehr wohl bewerten und ist dann meist selbst überrascht über die Innovation, die es mit ihr vielleicht nie gegeben hätte. Sie sehen, wie essenziell es bei Brainstormings ist, die Brille des Betriebsblinden als unerwünschten Filter erst mal wegzulassen.

Okay, und wie lange soll so ein Brainstorming sein? Als Zeitraum haben sich bei uns Sessions von maximal 90 Minuten bewährt – dann versiegt der Ideenquell meistens. Hierbei reicht eine einzige Session im Normalfall nicht. Eher zwei, drei oder mehr, verteilt auf verschiedene Tage und, wie gesagt, gerne auch in wechselnder Besetzung.

So weit, so klar. Da Sie ja ein praxisorientiertes Buch in den Händen halten, verraten wir Ihnen jetzt drei Tipps, wie Sie die strengen Brainstorming-Regeln so interpretieren und beugen, dass Sie zu noch besseren Ergebnissen kommen.

Tipp Nummer 1: Bewerten und kritisieren verboten, nachfragen ist aber erlaubt. Wenn Sie eine Idee nicht verstehen, dürfen Sie (und die anderen Teilnehmer) wohlwollend fragen und dem „Erfinder" Mut machen, die Idee noch etwas zu präzisieren. Dadurch kann sich deren inspirierende Wirkung durchaus verstärken. Sie müssen also nicht alles, was halb gar oder unklar formuliert ist, so stehen lassen. Wichtig ist wie gesagt ein positiver, motivierender Grundton beim Nachfragen.

Tipp Nummer 2: Cluster bilden. Versuchen Sie als Protokollant, die aufschlagenden Ideen direkt so gut wie möglich visuell zu sortieren. Achten Sie auf genügend Platz zum Schreiben und bilden Sie auf der Schreibfläche entsprechende thematische Bereiche. Das schafft beim Ideensammeln einen Überblick, zeigt eventuell zu füllende Lücken auf und macht nachher die Bewertung einfacher.

Tipp Nummer 3: Nach jeder Session gemeinsam bewerten und diskutieren. Nach 90 Minuten Brainstorming in guter Atmosphäre kommen erfahrungsgemäß einige Ideen zusammen. Die Regel, alle Ideen während der Session erst mal aufzuschreiben und nicht zu bewerten oder gar zu kritisieren, macht umso mehr Sinn, als sie danach sehr wohl bewertet werden sollten. Die Aussicht, Anmerkungen am Ende einer Session loswerden zu dürfen, macht es auch für die kritischen Geister unter den Teilnehmenden leichter, sich zunächst zurückzuhalten.

BRAINWRITING.

Das Brainwriting ist gewissermaßen der schweigsame Cousin des Brainstormings. Anstatt Ideen laut in der Gruppe zu formulieren, schreiben die Teilnehmer bei dieser Methode ihre Ideen auf (Moderations-)Karten. Die Moderatorin des Brainwritings nimmt die Karten entgegen, liest sie (leise für sich) und hängt sie sinnvoll geclustert an die Wand. Die Teilnehmer können sich jederzeit von den schriftlichen Ideen der anderen inspirieren und diese in ihren eigenen Ideenfindungsprozess einfließen lassen. Vorteil dieser Technik ist vor allem die weitgehende Anonymität der Ideen an der Wand.[3] Ein nicht zu unterschätzender Faktor – gerade in Gruppen mit hierarchischem Gefälle oder bestehenden Animositäten zwischen den Teilnehmern. Außerdem haben hier auch introvertierte Charaktere eine deutlich größere Chance, mit ihren Ideen durchzudringen.

635-METHODE.

Sechs Teilnehmer (und damit sechs Durchgänge), drei Spalten und fünf Minuten pro Durchgang ergeben maximal 108 Ideen in 30 Minuten. Eine sehr effiziente Kreativitätstechnik, die wir genau aus diesem Grund gerne nutzen. Die 635-Mehode[4] ist im Prinzip ein stärker strukturiertes Brainwriting. Alle Teilnehmer bekommen ein Blatt mit drei Spalten und sechs Zeilen. In der ersten Runde schreiben alle bis zu drei Ideen (je Spalte eine) in die oberste Zeile. Nach fünf Minuten dann die zweite Runde, dazu geben alle ihre Blätter an die Person rechts neben ihnen. Zweite Zeile ausfüllen und nach fünf Minuten weitergeben, so läuft der Prozess sechs Runden lang. Beim Nachdenken und Schreiben kann man sich von dem bisher Geschriebenen inspirieren lassen, Ideen aufgreifen und weiterentwickeln oder auch Lücken füllen.

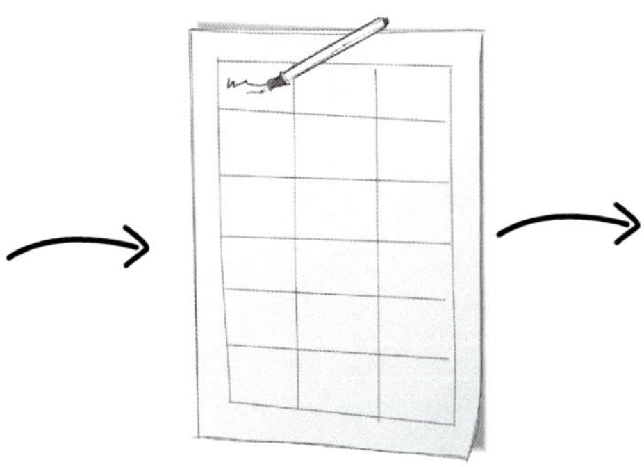

3 Mal abgesehen davon, dass sich die Urheber eventuell an ihrer Schrift ermitteln lassen. Da geraten wir aber dann in den Bereich der Unternehmenskultur ...

4 Entwickelt vom Unternehmensberater Bernd Rohrbach, vgl. https://de.wikipedia.org/wiki/Methode_635

DIGITALES BRAINWRITING.

Die eben genannten Methoden eignen sich übrigens auch bestens für die digitale Ideenfindung. Hier bieten sich entsprechende digitale Kollaborationstools[5] an, die bei Gruppenarbeit ihren besonderen Zauber entfalten. Wie von Geisterhand füllen sich dort Spalten mit Inhalt oder aus einer leeren Fläche entsteht ein Meer aus digitalen Post-its.[6] Sie dürfen in Ihrem Unternehmen derlei Tools nicht nutzen? Kein Problem – die 635-Methode lässt sich auch wunderbar via E-Mail umsetzen, und mit etwas Planung im Vorfeld haben Sie nach rund einer halben Stunde 108 Ideen auf dem Tisch. Wenn davon nur fünf Prozent brauchbar sind, hat sich der kleine Aufwand schon mehr als gelohnt.

MORPHOLOGISCHER KASTEN.

Ein früherer Kunde von uns hatte einen Lieblingsspruch: Struktur schafft Vertrauen. Ein Satz, der durchaus auf den Morphologischen Kasten zutrifft. Eine sehr strukturierte Kreativitätstechnik, mit der Sie durch eine systematische Vorgehensweise möglichst viele Assoziationen zu einem Thema bilden und damit auf neue, kreative und weniger naheliegende Ideen kommen können. Beim Morphologischen Kasten wird eine Aufgabe in ihre Einzelteile zerlegt und anschließend für jedes Teilproblem eine Lösung gesucht. Der Aufbau ist tabellarisch, möglichst im Querformat mit Zeilen, an deren Anfang steht links der zu bearbeitende Parameter (Was?) und rechts davon stehen möglichst viele Spalten für möglichst viele denkbare Lösungen (Wie?) für diesen Parameter.

Dazu ein einfaches Beispiel: Nehmen wir an, Ihr Unternehmen feiert nächstes Jahr Jubiläum. Sie stehen noch ganz am Anfang der Planungen und es gibt viele Möglichkeiten, ein Jubiläum eventiv zu begehen. Ein paar davon fallen Ihnen auch sofort ein. Bevor Sie nun gleich mit Ihrer ersten Idee losrennen – nehmen wir an, Ihr Unternehmen ist eher konservativ und Sie denken sofort an die Option „Festakt" – halten Sie bitte kurz inne. Nehmen Sie Stift und Papier zur Hand (oder ein Tablet oder erstellen Sie an Ihrem PC-Desktop eine Excel-Tabelle).

5 Zur Drucklegung dieses Buches zum Beispiel www.trello.com, www.miro.com, www.padlet.com
6 Sofern Ihre Kombattanten genügend Ideen zur von Ihnen gestellten Aufgabe haben.

Geben Sie in die linke Spalte die Parameter ein, wie zum Beispiel Eventformat, Teilnehmerkreis, Dauer, Elemente etc. und schreiben Sie anschließend alle Optionen auf, die Ihnen einfallen (sicherlich deutlich mehr als in unserem Schaubild). Auf diese Weise kommen Sie auch auf Optionen, die Ihnen sonst vielleicht nicht eingefallen wären. Ermuntern Sie sich dabei auch ganz explizit, an vermeintlich abwegige oder unpassende Möglichkeiten zu denken. Die passende Frage heißt in diesem Kontext nicht „Warum?“, sondern „Warum nicht?“. Denn, wie schon erwähnt, erst das Unkonventionelle, auf den ersten Blick zunächst gar „falsch“ Erscheinende kann Sie auf kreative Ideen bringen. Versuchen Sie, den Filter im Kopf auszuschalten. Gerade bei Menschen, denen das eher schwerfällt, hilft solch ein strukturiertes, systematisches Vorgehen, die eigenen Denkbarrieren zu umgehen.

DER MORPHOLOGISCHE KASTEN

JUBILÄUM	Bekannte oder denkbare Lösungen (wie?)				
Format	Festakt	Gala	Tag der offenen Tür	Sommerfest	online
Teilnehmerkreis	Jeder	VIPs	Mitarbeiter	Kunden mit Familie	mit Anmeldung
Dauer	Stunden	Tage	ganzjährig	mehrere Termine	abrufbar
Elemente	Reden	Künstler	Musik	Interaktion	Video

Kreativitätstechnik mit Struktur

DUSCHE.

Die Dusche steht stellvertretend für informelle „Kreativitätstechniken", die sich einen wissenschaftlich erforschten Effekt zunutze machen: Wir nennen ihn die „drucklose" Situation.[7] Dabei handelt es sich um Situationen, in denen man gerade nicht über eine kreative Aufgabenstellung nachdenkt, wie zum Beispiel eben unter der Dusche oder beim Rasenmähen, beim Holzhacken oder sogar im (Halb-)Schlaf.

Diese Phasen des gedanklichen Nichtstuns sind essenziell für den kreativen Prozess – hier kommen die Ideen quasi von allein. Viele unserer Konzepte entstehen beispielsweise beim Spazierengehen. Wenn wir bei einem Thema nicht weiterkommen, laufen wir eine Stunde durch die Isarauen in München. Dabei nehmen wir für alle Fälle Stift und Papier mit, um die dort entstehenden Gedanken festzuhalten. Denken Sie immer daran: Kreativität kann man nicht erzwingen. Den Druck ein bisschen herauszunehmen kann Wunder wirken.

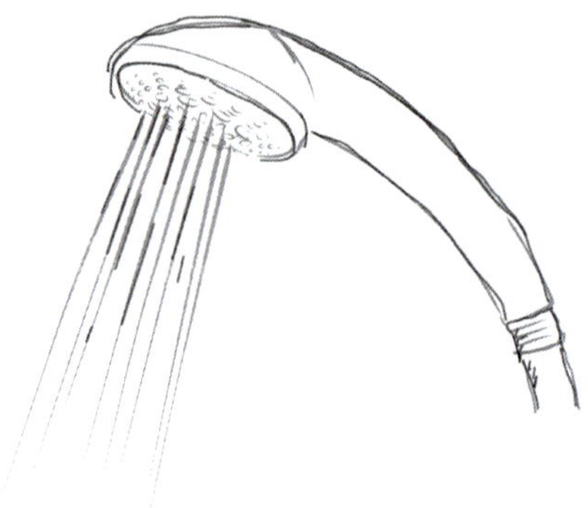

"Kreativitätstechnik" Dusche:
Nutzen Sie die Phasen des "gedanklichen Nichtstuns"

7 Vgl. https://karrierebibel.de/geistesblitz-unter-der-dusche/

ZUM MITNEHMEN

Es lohnt sich, die Ideenfindung zu strukturieren. Die vorgestellten Techniken helfen Ihnen mit klaren Regeln und systematischem Vorgehen, die Gedanken aller Beteiligten in die gewünschten Bahnen zu lenken. Und wenn das auch nicht hilft, lassen Sie einfach mal los.

08

DIE KREATIV-TURBOS.

Die Kreativ-Turbos.

Sie haben konzeptionell harte Nüsse vor sich? Wir zeigen, wie das Formulieren von Botschaften und das systematische Abklopfen von Suchfeldern für Sie zum hilfreichen Nussknacker werden kann. Und am Ende des Kapitels lösen wir das Rätsel, was es mit der Säge auf sich hat.

Manche Nüsse, die man als Eventmanager knacken muss, sind groß. Richtig groß. Ab und zu sogar zu groß, um ihnen auf herkömmliche Weise zu Leibe zu rücken. Das kommt in den besten Eventabteilungen vor, besonders wenn die kreativen Aufgaben, die Sie sich vornehmen, immer größer und anspruchsvoller werden.

Es ist in der Regel schwerer, einen ganz neuen und umfassenden Ansatz für ein Firmenjubiläum zu entwickeln als eine treffende Idee für das nächste Sommerfest. Es ist vermutlich leichter, eine Idee für die Verabschiedung der Azubis zu erdenken als für eine mehrtägige, internationale Innovationskonferenz. Aber auch in diesem Fall können Sie sich mithilfe einiger Tricks und Techniken die Arbeit deutlich erleichtern – und die Ergebnisse verlässlich verbessern. Diese zuschaltbaren „Turbos", nennen wir „Suchfelder". Und wenn alles nichts hilft, gibt es ja immer noch die Säge.

Jedes Event hat – wenn es gut gemacht ist – eine Botschaft. Die Botschaft ist das, was die Gäste im Kopf (und/oder im Bauch) mit nach Hause nehmen. Die Botschaft ist das Gelernte, die während des Events gemachte Erfahrung. „Der Gastgeber ist gar nicht so konservativ, wie ich dachte, im Gegenteil – der ist richtig progressiv." „Die Agentur, bei der wir heute zu Gast waren, kennt sich tatsächlich mit Trends aus." „Die Berater waren extrem kompetent und kundenorientiert und haben das Programm tatsächlich auf uns maßgeschneidert."

Botschaften sind also die in Worte gefassten Veränderungen, die man mit jedem Event in den Köpfen der Gäste erreichen will. Botschaften sind kurz und prägnant. Botschaften beschreiben Gedanken und Handlungen. Botschaften helfen bei der anschließenden Erfolgskontrolle.

Und gute Botschaften sind ein Kreativ-Turbo.

Wenn die Botschaft beschreibt, was nach dem Eventbesuch im Kopf des Gastes verankert sein soll, hilft die Botschaft natürlich auch, auf die richtigen Ideen zu kommen. Was bedeutet „Die sind nicht so konservativ, wie ich dachte" für die Ideenfindung? Korrekt, alles vermeiden, was nur im Ansatz einen konservativen Eindruck macht. Bei der Locationwahl eben nicht das klassische Hotel, sondern ein modernes Umfeld. Bei der Präsentation der Inhalte eben kein lineares PowerPoint vom Stehpult aus. Kein klassisches Menü, keine dunklen Anzüge für die Hosts, keine Cocktailkleider für die Hostessen – um ein paar der so gern genommenen Klassiker zu bemühen. Stattdessen eine moderne Umgebung, Festivalatmosphäre, individuell zusammengestellte Programme, Walk and Talks, Einsatz moderner Tools. Sie wissen, was gemeint ist.

Aber wie genau fühlt sich zum Beispiel die Botschaft „Mitarbeiter im Fokus“ an? Zum Beispiel so: Das Firmenlogo entsteht aus den (selbst aufgehängten) Porträts aller Mitarbeiter. Alle sitzen gemeinsam an langen Tafeln statt an isolierten Tischen, keine (offensichtlich) reservierten Plätze für die Chefs und Chef-Chefs. Reden aus der Mitte der Mitarbeiter heraus, mit der Gabel am Weinglas angekündigt, wie beim familiären Weihnachtsschmaus. Sie merken, eine gute Botschaft lässt sich einfach und wirkungsvoll durchdeklinieren. Fragen Sie sich einfach bei jedem Planungsschritt, ob das modern ist und wirkt – oder eben doch ein bisschen konservativ. Oder ob es, wie im zweiten Beispiel, den Mitarbeitern klar zeigt, dass sie tatsächlich im Mittelpunkt stehen.

Sie können, und damit sind wir wieder bei der großen Nuss von der letzten Seite, die Botschaft auch als Frage formulieren, um so auf die richtige Spur zu kommen. Was muss ich konzeptionell tun, um Mitarbeiter zu den Hauptpersonen des Abends zu machen? Wie mache ich sie zu den Stars des Events? Und jetzt brainstormen Sie bitte los. Alles, was Ihnen dazu einfällt. Und denken Sie dran, am Anfang alle Ideen zulassen, auch die unrealistischen oder verrückten.

ÜBUNG 10

Die Chefs holen alle Mitarbeiter persönlich zu Hause ab. Die Führungskräfte bedienen Ihre Mitarbeiter den ganzen Abend. Jetzt Sie:

Tools: Ihr Kopf, Stift und die hier vorgedruckten Linien

Zeitbedarf: 10 Minuten

Mitarbeiter auf dem Event tatsächlich in den Fokus stellen.
Was könnte man tun?

Sehr schön. Danke. Hat Spaß gemacht, oder? Was man anschließend davon umsetzen kann, sieht man später. Einiges ist budgetär vielleicht nicht umsetzbar, anderes wiederum nicht aus logistischen Gründen. Aber jede gute Grundidee wird Sie nicht mehr loslassen, und Sie werden Mittel und Wege finden, den Kern des „Ersponnenen" irgendwie zu realisieren.

Das ist das Gute an guten Ideen: Sie gehen nicht mehr weg.

Zurück zur Nuss. Nicht jedem fällt es leicht, frei heraus kreative Gedanken zu gebären und zuzulassen. Wenn das bei Ihnen der Fall ist, versprechen wir, dass auch hier Übung den Meister macht. Je öfter Sie so einen Prozess durchlaufen, umso leichter wird es. Für den Anfang (oder für die ganz großen Nüsse) können Sie auch mit Suchfeldern arbeiten. Suchfelder machen die Aufgabe vorübergehend kleiner und helfen Ihnen zu fokussieren. Vermutlich haben Sie schon häufiger mit Suchfeldern gearbeitet, unbewusst, ohne es zu merken. Von nun an können Sie dieses Instrument gezielt einsetzen.

Wenden wir uns wieder unserem konservativen Gastgeber zu, den wir progressiver und moderner präsentieren wollen. Wir haben Ihnen weiter oben schon einige Suchfelder untergejubelt. Schauen wir uns die nun systematisch an. Woran denkt der Eventmanager leider fast immer zuerst?

An die Location. Also gut, Suchfeld Location. Was für eine Location vermittelt Modernität und ist definitiv nicht konservativ? Irgendetwas mit Co-Working-Space. Eine moderne Produktionsfläche. Ein kürzlich gebautes, architektonisch besonderes Gebäude. Eine nagelneue U-Bahn-Station (sofern sie nicht gerade die Tradition der Münchner Glyptotheken zelebriert). Ein neues Shoppingcenter. Ein innovatives Einzelhandelsgeschäft.[1] Den Satelliten-Terminal Ihres Flughafens. Oder vielleicht sogar etwas Eigenes? Hat Ihr Unternehmen gerade etwas inspirierendes Neues gebaut oder umgestaltet?

Merken Sie, wie das Zerlegen der Aufgabe in Suchfelder die Gedanken anregt? Versuchen wir noch ein Beispiel? Nehmen wir die eigentliche Präsentation. Was ist moderner als PowerPoint?

Ein Vorstand präsentiert vom oder steuert mit einem iPad. Oder am Microsoft Surface Tablet mit Gestik. Gut. Der Vorstand erklärt und zeichnet am Flipchart (cool, aber nicht unbedingt modern, oder?). Zwei bis drei Chefs erzählen, ganz ohne Hilfsmittel (das wäre Storytelling, modern und voll im Trend). Präsentation ohne Präsentator, aus dem Off, nur Ton. Vielleicht sogar im abgedunkelten Raum? Gäste erleben Präsentation via AR- oder VR-Brille (nicht neu, ob es passt, hängt davon ab).

Dazu ein kleiner Exkurs. Projection Mapping, also das Projizieren von was auch immer auf was auch immer, war vor einigen Jahren groß in Mode. Auf Fassaden, historische Gebäude, auf jede Art von Fläche. Und dann wird es entweder bunt und künstlerisch oder es ist so gut gemacht, dass man den Eindruck hat, das Gebäude stürzt ein. Sie haben das sicher schon häufiger gesehen, aber in der Fußnote noch zwei besonders gute Beispiele[2].

"Projection Mapping" war irgendwann an sich nichts Neues mehr, zumindest nicht im öffentlichen Raum oder im Consumer-Bereich. Bei der B2B-Vorstellung einer Hydraulikpresse im Format eines kleinen Hauses hingegen nutzen entsprechende Hersteller allerdings in der Regel eher althergebrachte Techniken. Als wir einem Kunden zur damaligen Zeit vorschlugen, sein neues Pressen-Modell mittels dieser Projektionstechnik zu inszenieren, passte das perfekt in die Zeit und zu Anlass, Produkt und Botschaft. Da ging es nämlich auch darum, modern und innovativ daherzukommen. Und für die Eventbesucher, Ingenieure und Menschen mit technisch/kaufmännischem

1 Erinnern Sie sich noch, als fast alle Banken die Filialen der Zukunft präsentierten? Oder die Telekom ihren Concept Store in Berlin-Mitte? So etwas in der Art.

2 Das ist quasi die Mutter aller guten Projektionen, 2009 auf die Hamburger Kunsthalle. https://www.urbanscreen.com/de/555-kubik/ Und hier aktuelle Beispiele: https://t1p.de/mappings

Background war es ein tolles Erlebnis, das noch dazu auf magische Art und Weise half, einen Blick „unter die Haube“ der Maschine zu werfen und die innovative Technik der Presse viel besser zu verstehen.

Wie man etwas macht, hängt also nicht nur davon ab, ob etwas schon mal da gewesen ist, sondern auch, ob es für Anlass, Gastgeber und Gast in diesem Moment Sinn ergibt. Bitte merken oder in der „Currywurst“ in den Kapiteln 3 und 5 nachlesen. Eselsbrücken: Fisch, Köder, Angler und die drei „E“s.

Das nächste Suchfeld eignet sich für ein Übungsmodul, wenn Sie Lust und Zeit haben.

ÜBUNG 11

Welche Art der Nahrungszubereitung und Aufnahme erscheint Ihnen modern und passend?

Tools: Ihre Fantasie – und das Internet

Zeitbedarf: 10 Minuten

Modern und passend sind:

Sie sehen: Jede Kreativaufgabe lässt sich in Suchfelder zerlegen. Nutzen Sie diese Technik immer dann, wenn der Gedankenfluss nicht so richtig in Schwung kommen will – oder wenn er zu schnell versiegt. Bevor Sie sich an der ganzen, großen Aufgabe abmühen, probieren Sie Teilbereiche, die eben beschriebenen Suchfelder.

Wie kommen Sie nun an solche Suchfelder? In der Regel entlang der logistischen Perlenkette.[3] Auch wenn wir die ganz und gar nicht mögen und sie für den Kern des meisten Übels halten, enthält sie aber doch die klassischen logistischen Teile eines Events. Und wenn Sie mithilfe der Suchfeldtechnik und einer guten Botschaft mit ihr arbeiten, kommt doch eine ganze Menge an Gutem und Neuem dabei heraus. Sie dürfen die so entstandenen Ideen dann in Ihrem Eventkonzept nur bloß nicht wieder logistisch „auffädeln", dann hätten Sie das Kind mit dem Bade ausgeschüttet.

Also: Suchfelder entlang der Logistik. Gibt es noch einen anderen Weg? Ja, und ob. Suchfelder entlang der drei „E"s der Eventteilnehmer. Bei dieser Technik orientieren Sie sich bekanntermaßen an den Einstellungen, Erwartungen und Erfahrungen Ihrer Gäste. Wenn Sie in diesem Bereich Ihre Hausaufgaben machen und sich in Ihre Gäste hineinversetzen, stolpern Sie mit großer Wahrscheinlichkeit über weitere Suchfelder. Was kennen diese Menschen schon, welche Abläufe sind sie gewohnt? Suchfelder: Ablauf, Timing, Abfolge, Dauer.

Mit welcher Einstellung kommen die Gäste zu Ihnen? Bei diesem Gedanken werden Sie merken, dass zum Glück alles, was wir Ihnen schildern, zusammengehört. Auch wenn das auf den ersten Blick und mit den vielen neuen Ansatzpunkten sicher nicht immer sofort klar wird. Kommen Sie nämlich zu der Erkenntnis, dass Ihre Gäste Ihr Unternehmen eben als verstaubt und aus der Zeit gefallen empfinden, führt Sie das zu der bereits weiter oben durchexerzierten Eventbotschaft „modern daherkommen".

Wie immer Sie zu Suchfeldern kommen, zwei Dinge sind entscheidend. Suchfelder sollten nicht zu klein sein. Um es böse zu formulieren, Tischdeko ist nur ein Unter-Unterpunkt von Dekoration und Ambiente. Wenn Sie so kleinteilig an eine Aufgabe herangehen, verlieren Sie sich mit Sicherheit im Detail. Der Blick fürs Größere darf nicht zu sehr verstellt werden. Und Sie müssen, wenn Sie Ihre Suchfelder wieder verlassen (mit einem Sack voller Ideen im Gepäck), die einzelnen Teile wieder sinnvoll zusammensetzen.

3 Vgl. Seite 26 in „Mit Currywurst auf Haifischfang"

Die einzelnen Ideen müssen zusammenpassen, schlüssig sein und den Gast ein ganzheitliches Konzept erkennen lassen.

Wenn Sie das Puzzle also nun wieder zusammensetzen, achten Sie darauf, dass es aus einem Guss ist, dass der Gast das Thema „modern/progressiv" in allen Teilen wiederfindet, es sich wie der berühmte rote Faden durch alles hindurchzieht. Je besser die Ideen und Ansätze sind, die sie bei Ihren Ausflügen in die Suchfelder generiert haben, umso einfacher wird es. Und richtig gute Ideen strahlen über das zugehörige Suchfeld hinaus in andere Bereiche ab und führen auch dort wieder zu Ideen für passende Gegenstücke.

Leider wird ab und zu eine gute Idee beim besten Willen nicht zum Rest passen. Das ist schade, aber unvermeidlich. Die große Idee, die Klammer, der Leitgedanke ist das Wichtigste. Ein Detailausprägung, egal wie gut sie auch sein mag, die nicht dazu passt, wird nun an dieser Stelle schweren Herzens aussortiert. Aber nicht weggeschmissen. Die Idee kommt in den Ideenspeicher. Wer weiß, wann man sie wieder gut gebrauchen kann? Eine passende Gelegenheit wird sicher kommen.

So viel zu Suchfeldern. Wir halten diese Technik für sehr hilfreich. Sie schafft Struktur und hilft so, Gedanken zuzulassen und Gedanken zu sortieren. Wir sind gespannt auf Ihre Erfahrungen damit.

Bleibt noch die Säge. Die Säge? Haben Sie vergessen, oder? Steht aber in der Einleitung dieses Kapitels. Die Säge ist nur ein Neugierigmacher. Eventkonzeption kommt ganz ohne Säge aus. Man braucht sie nur im übertragenen Sinne, um die Aufgabe in kleinere Teile zu zerlegen. Aber vielleicht mögen Sie das Bild von der Säge ja, es brennt sich ein und leitet Sie in zukünftigen Brainstormings. Dann hätte es sich ja gelohnt.

ZUM MITNEHMEN

Gute Botschaften bringen Sie automatisch Ihren Zielen näher. Sie formulieren, was sich in den Köpfen Ihrer Gäste verändern soll. Und gute Botschaften helfen Ihnen dabei, wirkungsvolle Ideen zu finden. Mit Suchfeldern eröffnen sich weitere Möglichkeiten, den kreativen Prozess systematisch und Schritt für Schritt voranzutreiben. So können Sie sich die Säge als Werkzeug zum Knacken harter Nüsse sparen.

09
DREI TODSICHERE TRICKS.

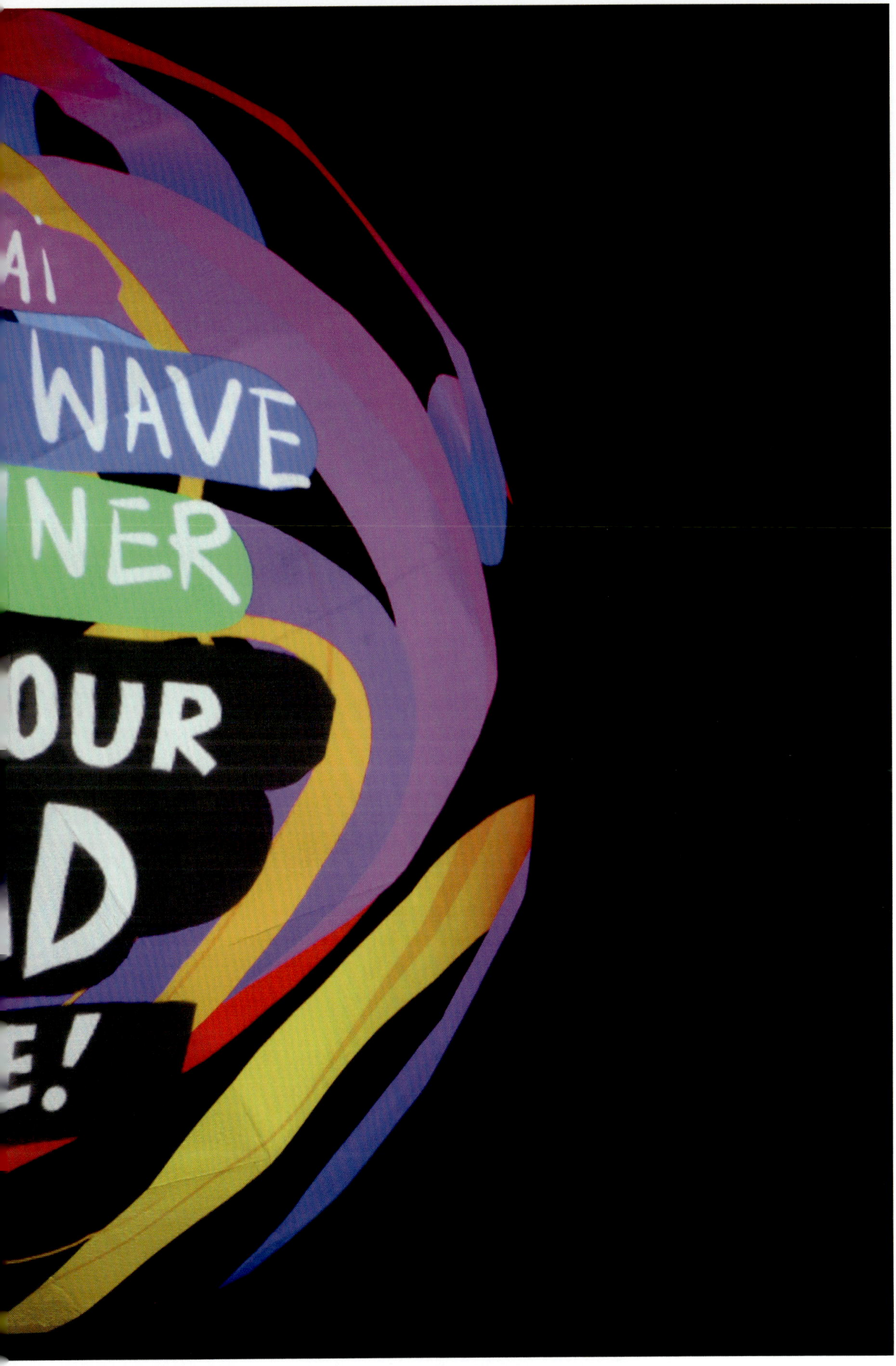

AI
WAVE
NER
OUR
D
E!

Drei todsichere Tricks.

Okay, und wenn Sie statt einer harten Nuss einen ganzen Berg vor sich haben und nicht weiterkommen? Hier hilft ein Griff in unsere bewährte Tipps-&-Tricks-Kiste. Wir stellen Ihnen drei Denkanstöße vor, die alle etwas mit „über" zu tun haben: In Abstraktes konkret machen zeigen wir Ihnen, wie Sie übersetzen. Dann, wie Sie überhöhen. Und zu guter Letzt erklären wir, warum es manchmal sinnvoll ist, die Eckdaten eines Briefings zu übergehen.

Und? Haben Ihnen unsere Ausführungen zu Botschaften und Suchfeldern geholfen? Konnten Sie unserer Anleitung folgen, und haben Sie gedanklich schon die ersten Schritte in Richtung Ideenfindung und guter Eventkonzeption gemacht? Sie werden sehen: Wenn man unserem System folgt, ist es leichter, als man denkt. Und Sie werden verlässlich auf neue, gute Ideen kommen. Je öfter Sie es anwenden, umso schneller, besser und routinierter werden Sie. Aber es werden auch Momente und Projekte kommen, bei denen Sie beim besten Willen nicht weiterwissen. Für diese Fälle haben wir dieses Kapitel vorbereitet. Es steckt voller hilfreicher Tricks, die Sie immer wieder auf neue Gedanken bringen werden. Und illustriert anhand realer Beispiele, wie diese Tricks in der Praxis funktionieren.

Folgen Sie uns auf drei „Expeditionen“: Zuerst machen wir Kompliziertes simpler, dann Normales größer und am Ende brechen wir Regeln, wo wir nur können.

I von III: ABSTRAKTES KONKRET MACHEN

In unseren Seminaren hören wir von Teilnehmern häufig Sätze wie „Ach, wäre ich doch Eventmanager im Bereich Automobil – da tut man sich viel leichter. Autos sind ja sehr emotionale Produkte“. In der Tat, auf den ersten Blick scheint es so, als ob etwa die Konzeption eines Produkt-Launches für ein neues Automodell eine leichtere und dankbarere Aufgabe sein könnte als beispielsweise die Vorstellung einer neuen Versicherung.

Ein Irrglaube, wie wir finden – denn abstrakte Produkte oder auch Botschaften lassen sich durchaus konkret und anfassbar machen. Für die Inszenierung auf einer Veranstaltung braucht es dafür nur eine geeignete Übersetzung.

Dazu ein Beispiel: Nehmen wir an, Sie wären Eventmanager für einen Fondsanbieter. Sie haben die Aufgabe, Ihrer Zielgruppe – Anlageberater in Banken und Sparkassen – im Rahmen einer Veranstaltung eine neu geschaffene Renditeperle vorzustellen, einen geschlossenen Schiffsfonds. Bruttoregistertonnen, Steuervorteile, Abschreibungen, Ausgabeaufschlag etc. – auf den ersten Blick ein trockenes Produkt, wenn auch im Nassen unterwegs. Der zuständige Salesmanager-Kollege hat schon eine Präsentation mit 80 Seiten gebastelt, voll mit Zahlen, Daten, Kurven, Prognosen und Fakten. Dauer: 90 Minuten. Ein Knäckebrot ist ein nasser Schwamm dagegen. Und auf der

Veranstaltung, die einen ganzen Tag dauert, werden noch mehrere weitere Produkte aus dem Portfolio vorgestellt, wie Immobilien- und Flugzeugfonds.

Ihr Problem: Dieses Format kämpft mit Jahr für Jahr fallenden Teilnehmerzahlen[1] und dramatisch schwindender Wirkung. Wie könnte nun eine Lösung aussehen? Abstraktes konkret machen – das ist das Thema dieses Kapitels. Versuchen Sie, Ihr abstraktes Produkt oder Ihre Dienstleistung in etwas Konkretes, Anfass- und Erlebbares zu übersetzen. Wie könnte das im obigen Beispiel des Schiffsfonds aussehen? Ganz einfach: Schiffe.

Keine echten, sondern faszinierend detailgetreue, bis zu zwei Meter lange Modelle der Investitionsobjekte – Containerschiffe –, hochwertig präsentiert auf Podesten samt Plexiglashaube. Die zum Fonds gehörenden Daten und Fakten wurden dabei wie in einer Ausstellung an den Wänden des Erlebnisraumes aufgehängt und im Rahmen einer „Führung“ präsentiert.

Wie Sie vielleicht schon ahnen, haben wir dieses Beispiel nicht zufällig erfunden. Es stammt aus einem Projekt, das wir in ganz ähnlicher Form auf dem Tisch hatten. Anstatt also 80 Charts im Auditorium durchzuklicken, luden wir die Teilnehmer in überschaubaren Gruppen ein, drei Fondsprodukte in drei ganz konkreten, passenden Themenräumen kennenzulernen.

Neben dem Schiffsfonds gab es einen Immobilienfonds, der stehend an einem 3 × 4 Meter großen Tisch vorgestellt wurde, mit großen Planrollen, Architektentools und Modellen. Und einen Flugzeugfonds, für den uns der Messebauer unseres Vertrauens aus Molton und Dachlatten einen Flugzeuginnenraum baute, bestückt mit original Flugzeugsitzen aus der Filmrequisite. Hinter jedem „Fenster“ war ein Screen installiert, auf dem während der Präsentation in Echtzeit ein Video von einem Flug von München nach Berlin – aus dem Fenster gefilmt – lief. Hostessen und Hosts verteilten als „Flugbegleiter“ Infomaterialien und Snacks aus Flugzeugtrolleys. Und der Präsentator war ein Sales-Kollege und Hobbypilot, der in die Präsentation persönliche Anekdoten aus der Fliegerei einfließen ließ.

Durch diese einfache und mit überschaubarem Aufwand realisierte Übersetzung von abstrakten Finanzprodukten in konkrete, anfassbare Exponate, Geschichten und Erlebnisse gelang es, die Teilnehmer viel stärker zu involvieren und zu emotionalisieren. Unter diesem einfachen Link finden Sie ein kurzes Dokumentationsvideo: https://t1p.de/Fondsanbieter

1 Ein Thema, das viele Formate haben – egal ob analog, digital oder hybrid. Und ein absolutes Alarmsignal. Um- und neudenken ist in diesen Fällen unerlässlich.

Wir garantieren Ihnen, dass sich für jede noch so abstrakte Aufgabe Ansätze für die Übersetzung ins Konkrete finden lassen. Wichtig ist, dass Sie das Prinzip dahinter verstehen. Sie müssen nur eine Verbindung, einen Link zur realen Welt finden.

Noch ein Beispiel aus unserer Eventhistorie gefällig? Stellen Sie sich die Abendveranstaltung eines Kongresses vor, der sich den ganzen lieben langen Tag mit dem Thema „Vertrauen in Marken" beschäftigt hat. In Panels, Workshops und im Plenum wurde diskutiert, wie man Verbraucher von Marken überzeugt und ihnen die Lust auf No-Name-Brands nimmt. Trockenes Thema, abstraktes Thema. Die Abendveranstaltung ist in so einem Fall (und in der klassischen Eventdenke) für die Emotionalisierung des Tages zuständig. Bei Helligkeit Information, im Dunkeln dann die Emotion.

Sie können sich sicher vorstellen, dass so etwas unserem Anspruch nicht genügt. Warum diese unsinnige Trennung? Eben, und so kam unser Ansatz zustande. Man kann viel und tagelang theoretisch über Marken diskutieren. Besser aber wäre es doch, den Konferenzteilnehmern unmissverständlich vor Augen zu führen, was Vertrauen in Marken konkret bedeutet.

Marken sind in erster Linie ein Qualitätsversprechen. Da weiß man, was man hat, da weiß man, wie es schmeckt. Und schon sind wir beim Eventkonzept und dabei, Abstraktes konkret zu machen. Für die ersten 90 Minuten des Abends haben wir ALLE Marken aus der Location verbannt. Keine Logos, kein Branding, nirgends. Weder auf Flaschen oder Gläsern, nicht auf den Anbiete-Zigaretten[2], nicht auf den Sponsorenbars. Und nicht einmal auf den persönlichen Gegenständen der Gäste.[3]

Erstaunen und Neugier waren die Reaktionen. Klar, so wurde das abstrakte Thema ziemlich konkret. Sie kennen die Biertrinker, die jede andere als „ihre" Marke für komplett ungenießbar halten. Schon klar, aber welche Marke trinken Sie denn da gerade? Und so weiter und so fort. Die abhandengekommenen Marken waren das Gesprächsthema und die inszenierte Enthüllung der verborgenen Marken ein echter Hingucker, der den Sponsoren weit mehr Aufmerksamkeit brachte als unter normalen Umständen.

So wurde der abstrakte Teil des Tages in ein konkretes Erlebnis verwandelt. Gastgebern, Sponsoren und Gästen hat es gefallen. Und unsere Agentur war mit einem Schlag um sieben Kreativpreise reicher. Hier finden Sie das passende Video: https://t1p.de/meetnight

2 Kaum vorstellbar, aber Mitte der Nullerjahre durfte auf Veranstaltungen noch geraucht werden.

3 Die wurden von einer Heerschar fleißiger Hostessen in mühevoller Kleinarbeit mit rückstandfreiem Klebeband neutralisiert. Heidenarbeit, Hassobjekt Nummer 1: Taschen von Louis Vuitton, circa 100 Logos.

II von III: PRODUKT / BOTSCHAFT ÜBERHÖHEN

Sicher kennen Sie die großspurigen Ankündigungen mancher Start-ups, die behaupten, sie seien für nichts Geringeres angetreten, als aus der Welt einen besseren Ort zu machen[4]. Oder: Erinnern Sie sich an die längste Praline der Welt?[5] Das Beste oder nichts?[6] The Queen of Table Waters?[7] Alles Beispiele von Überhöhungen. Sie müssen es nicht mögen, aber Überhöhung und Übertreibung können ein sehr effektives Mittel in der Produkt- und Markenkommunikation sein. Und damit auch in der Live-Kommunikation.

Haben Sie sich seinerzeit eine der legendären Apple-Produktpräsentationen von Steve Jobs angesehen? Das waren übrigens schon in den Nullerjahren, lange bevor der Begriff erfunden wurde, hervorragende hybride Events – sowohl für die eingeladenen Gäste und Pressevertreter ein großartiges Erlebnis als auch für die Zuschauer im Netz ein lohnenswerter Grund, sich den Wecker früher zu stellen. Oder länger aufzubleiben – je nach Zeitzone.

Ein minimalistisches Set-up, schwarzer Rolli statt Anzug, kein „emotionaler Showact" mit Tänzern, Akrobaten oder Feuerwerk. Keine Band, keine Lightshow oder gar 360°-Bespielung. Stattdessen eine inhaltlich mit kompromisslosem Perfektionismus durchchoreografierte Präsentation, mit extrem reduzierten Visuals von extrem begehrenswert designten Produkten. Der Fokus der Überhöhung lag hier zu 100 % auf dem Produkt. Definitiv die Königsdisziplin bei Produktpräsentationen – oft kopiert, nie erreicht.[8]

Und jetzt vergleichen Sie bitte diese „Keynotes" mit den überfrachteten PowerPoint-Präsentationen, die noch heute in fast allen Unternehmen regelmäßig zum Einsatz kommen. Keine Überhöhung, eher eine Verzwergung. Nicht nur wegen der 10-Punkt-Schriftgröße, die verwendet werden muss, damit alles – egal ob wichtig, unwichtig oder gar irrelevant – auf die Seite passt.

Klar, es gibt noch viele andere Formen der Überhöhung. Im Eventmarketing ist die Überhöhung gewissermaßen automatisch eingebaut, und zwar in Form des viel harmloser klingenden Begriffs der Inszenierung – was ja nichts anderes heißt als „in Szene setzen". Man kreiert eine Szene um das zu Kommunizierende herum, um diesem mehr Aufmerksamkeit und Wert zu verschaffen. Das ist nicht immer und in jedem Fall überhöht oder über-

4 www.uber.com/de/de/about/ oder www.tesla.com/de_DE/careers
5 Wissen Sie es noch? Richtig, das war vermeintlich Duplo.
6 Schon schwieriger. Die Antwort: Mercedes-Benz.
7 Die Königin war das blubberige Apollinaris.
8 Hier die Vorstellung des ersten iPhones 2007: https://www.youtube.com/watch?v=MnrJzXM7a6o

trieben. Aber oft. Wenn ein neues Produkt auf der Bühne vorgestellt wird, ist es ja schon mal ein bisschen höher. Dazu ist es perfekt ausgeleuchtet und vielleicht zunächst unter einem Tuch verborgen – all das sorgt für eine „Aufwertung".

Sehen wir uns mal an, wie Sie Überhöhung gewinnbringend in Ihre Eventkonzeption einfließen lassen können – als Verstärker für Ihre Ideen gewissermaßen. Starten wir dazu mit einer Übung.

ÜBUNG 12

Überlegen Sie sich, in welchen Formaten oder Umgebungen außerhalb des Eventbereichs Inhalte oder Exponate besonders hochwertig präsentiert werden. Alles, was Ihnen einfällt, es gibt kein Richtig oder Falsch.

Tools: Stift und Ihre Gedanken

Zeitbedarf: 3 Minuten

Hochwertige Präsentationen sind mir aufgefallen bei:

Na, was ist Ihnen eingefallen? Sicherlich Werbung wie TV-Spots oder Anzeigen, in denen Produkte und Dienstleistungen kreativ oder manchmal sogar künstlerisch überhöht werden. Oder im Einzelhandel, wo speziell im Luxussegment Warenpräsentation, Raumgestaltung, Service (leider viel zu selten) sowie Verpackung die eigentlichen Produkte überhöhen und damit stark aufwerten. Doch auch außerhalb von Werbung und Marketing kommt Überhöhung zum Einsatz.

Denken Sie an den Sport, zum Beispiel Fußball: Durch überhöhende Inszenierung mithilfe von bis zu 34 Kameras (bereits bei der WM 2014 in Brasilien, Anzahl weiter steigend), Zeitlupen, grafischen Elementen, Reportern, Kommentatoren, Experten, Analysen, Vor- und Nachberichterstattung etc. werden selbst die langweiligsten Fußballspiele zu einer begehrenswerten Ware.

Ein weiterer inspirierender Bereich ist die Kunst. In Museen und Galerien kommt Kunst erst zu ihrer verdienten Geltung. Bilder, Skulpturen und Installationen entfalten durch eine professionelle, hochwertige Rahmung, ausgeklügelte Beleuchtung und teils raumgreifende Präsentation ihre Wirkung. Bei großen Kunstwerken hat das natürlich nichts mit Überhöhung zu tun, sondern eher mit adäquater Präsentation. Weniger bedeutende Arbeiten erfahren dagegen durch galeriehafte Inszenierung durchaus eine Steigerung von Bedeutungs- und Wertwahrnehmung.

Wie auch immer Sie darüber denken, machen Sie sich die dahinterstehenden Prinzipien bei Ihrer Eventkonzeption zunutze: Hochwertigkeit, Überfluss, Raum, Vergrößerung, Übertreibung – oder alles zusammen.

Beginnen wir mit dem konzeptionell einfachsten Prinzip, der Hochwertigkeit. Wenn Sie die Präsentation eines Produkts, einer Dienstleistung, einer Botschaft oder Ihres Unternehmens mithilfe einer Live-Kommunikations-Maßnahme planen, werden Sie zumeist schon intuitiv an eine hochwertige Umsetzung denken – es sei denn, Sie sind hyperpragmatisch, extrem sparsam und an ästhetischen Kriterien vollkommen uninteressiert. Dann wären Sie aber vermutlich nicht in der Live-Kommunikation gelandet.

Nehmen wir an, Sie arbeiten an einem Eventkonzept für einen Produkt-Launch. Bei solch einem Format besteht über die qualitative Hochwertigkeit der Präsentation zumeist weitgehend Einigkeit zwischen Ihnen und Ihrem Auftraggeber, ohne dass das explizit formuliert werden muss. Location, Präsentationsfläche, Mobiliar, Licht, mediale Bespielung, Sound, eingesetzte Materialien bis hin zum Catering stehen zumindest im Einklang mit der Positionierung und der Qualität des Produkts. So weit hat das noch nichts mit Überhöhung zu tun. Jetzt drehen Sie mal gedanklich an der Hochwertigkeitsschraube. Was wäre, wenn Sie Ihr Produkt wie in einer hochkarätigen Kunstausstellung präsentieren würden? Eine neue Generation von Schrauben und Dübeln zum Beispiel, in einer Galerie inszeniert als Skulpturen auf schwarzen Stelen mit Glashaube, punktuell beleuchtet und mit einer Beschreibung wie im Kunstkatalog.

Oder wie auf einer Fashion Show im Flagship Store eines Luxusmode-Labels auf der teuersten Shoppingmeile der Stadt? Oder Sie erzählen die Entstehungsgeschichte des Produkts wie bei einer TV-Sportsendung mit Experten, Einspielern, Interviews, Analysen – aber bitte mit einem Augenzwinkern.[9] Sie sehen, wenn Sie (deutlich) hochwertiger denken, als Sie müssten, ergeben sich interessante konzeptionelle Möglichkeiten.

Auch der Raum bietet Ansatzpunkte für eine Überhöhung. Das gilt zum einen für die Location an sich, denken Sie beispielsweise an die Vorstellung einer neuen Staubsaugerlinie im Spiegelsaal eines Barockschlosses oder die Präsentation eines Industrieroboters im Designmuseum. Zum anderen für den Raum im Sinne des Platzes, dem man einem Exponat einräumt – eine Badarmatur in einem ausgelassenen Olympiaschwimmbecken, das neue Fahrzeugmodell, das aus dem riesigen Bauch einer leeren Autofähre rollt.

Ein schönes Stilmittel ist hierbei auch der Überfluss – wenn der Gegenstand der Präsentation in hoher Stückzahl symmetrisch im Raum (oder an einer Wand) angeordnet ist. Hunderte identische Elektrozahnbürsten, Akkuschrauber, Ketchupflaschen, Motorradhelme etc. ergeben ein großes Bild – very instagramable.

Apropos groß: Extreme Vergrößerung ist ein weiteres Mittel der Überhöhung. Nicht neu, aber immer wieder faszinierend und vor allem sehr fotogen. Für den Brillenhersteller Rodenstock konzipierten und realisierten wir eine B2B-Roadshow mit einem 100-fach vergrößerten original Brillengestell. Die schwarze Brille war auf dem Event 13 Meter breit, 3,5 Meter hoch mit zwei 14 Meter langen Bügeln. Ein Hingucker, im wahrsten Sinne des Wortes,

Als „Gläser“ fungierten Leinwände für Präsentation und atmosphärische Bespielung. „Leider“ gab es seinerzeit 2008 noch kein Instagram, aber die

9 Wenn Sie ein bekanntes TV-Format wie zum Beispiel eine Sport- oder Nachrichtensendung als Struktur für Ihre Inhalte verwenden, machen Sie das transparent. Erklären Sie in der Anmoderation, warum Sie das Format gewählt haben und welche Verbindung zu Ihren Themen besteht. So können Sie vermeiden, dass so eine Show aufgesetzt und künstlich wirkt.

Brille verschaffte den eingeladenen Optikern ein unvergessliches Erlebnis und dem Unternehmen eine deutlich verbesserte Größen- und Bedeutungswahrnehmung – was das Ziel der Veranstaltungsreihe war. Sie wissen schon. Hier der Film dazu: https://t1p.de/grossebrille

Denken Sie also bei der Eventkonzeption ruhig auch mal groß und übertrieben, es kann Sie auf verheißungsvolle Pfade führen. Wenn nicht, auch egal, wir haben noch weitere Ideen-Booster für Sie.

III von III. REGELN ODER PARAMETER ÄNDERN

Ein ganz entscheidender Faktor für eine erfolgreiche Eventkonzeption kann die Änderung der Rahmenbedingungen sein. Eventmanager neigen fast immer dazu, die vom Auftraggeber im Briefing festgelegten Regeln und Parameter pflichtschuldig abzuarbeiten. Das ist aus ihrer Sicht verständlich, leider aber auch Teil eines in der Branche weitverbreiteten Problems. Viele Kolleginnen aus Eventabteilungen in Unternehmen beklagen nämlich, dass sie von ihren Auftraggebern – aber auch von Mitarbeitern anderer Ressorts – als rein ausführende Serviceorgane wahrgenommen werden und kaum als Berater.

Häufig leider zu Recht, denn von einem Berater erwartet man eben auch mal Widerrede und fachkundige Vorschläge, wie gegebenenfalls die Rahmenbedingungen im Dienste einer Optimierung der Zielerreichung modifiziert werden könnten oder sollten.[10]

Es lohnt sich in jedem Fall, die Vorgaben für eine Live-Kommunikations-Maßnahme kritisch zu hinterfragen und gedanklich zu verändern – zur Inspiration für neue, wirkungsvolle Ideen. Auch hier empfehlen wir ein systematisches Vorgehen, zum Beispiel nach Art des Morphologischen Kastens.[11] Gehen Sie die Parameter der Reihe nach durch.

Beginnen Sie ganz vorne, mit den Zielen. Sind die bisher formulierten Ziele formal[12] und inhaltlich[13] korrekt? Fehlt etwas? Passt die Gewichtung und Priorisierung? Diskutieren Sie und passen Sie gegebenenfalls an.

10 Vgl. unser Beispiel im Kapitel 3: Das Briefing. Verhinderer oder Ermöglicher.

11 Siehe Kapitel 7: Kreativitätstechniken.

12 Formal: Handelt es sich überhaupt um ein echtes Ziel? „Jubiläum feiern" ist zum Beispiel kein Ziel, vgl. auch Currywurst, S. 28 ff.

13 Inhaltlich: Sind das tatsächlich die Ziele, die Sie mit Ihrer Live-Kommunikationsmaßnahme erreichen wollen?

Wenn Sie mit den Zielen fertig sind, geht es mit dem Format weiter. Ist das gewählte Veranstaltungsformat das bestmögliche, um Ihre Ziele zu erreichen? Oder gibt es Alternativen mit mehr Potenzial? Denken Sie hier ruhig auch mal „verrückt“ oder zumindest „out of the box“. Ist beispielsweise ein Festakt zu Ihrem Firmenjubiläum geeignet, um die Zukunftsfähigkeit Ihres Unternehmens zu unterstreichen? Oder wäre das Jubiläum nicht ein guter Aufhänger für eine Ganzjahres-Kommunikationskampagne, die in vielfältiger Form und Dauer unterschiedlichste Zielgruppen bedient?

Lohnt sich der Aufwand einer hybriden Veranstaltung oder kann ein rein virtuelles Event die vorgegebenen Ziele genauso erreichen? Brauchen Sie zur Vorstellung Ihres neuen Produkts überhaupt ein Event oder ist Ihr schmales Budget in einer anderen Kommunikationsmaßnahme besser investiert?

Dazu ein Beispiel: Für einen Branchenkongress, bei dem unser Auftraggeber einer der (vielen) Sponsoren war, hatten wir laut Briefing den Auftrag, ein Abendevent zu entwickeln, von dem die Branche noch lange sprechen sollte. Leider war das Budget recht mickrig, und am gleichen Abend gab es bereits eine bestens eingeführte Veranstaltung des Hauptsponsors, die sich über Jahre als wichtigster Branchentreff auf dem Kongress etabliert hatte.

In einem Brainstorming zerbrachen wir uns die Köpfe – eine bei den Rahmenbedingungen der Veranstaltung eine nahezu unlösbare Aufgabe. Bis ein Kollege die Idee hatte (auf die vermutlich kaum jemand gekommen wäre), statt einer Abendveranstaltung eine Promotion-Aktion durchzuführen. Moment, Promotion? Wieso?

Weil wir die Ziele des Briefings ernst genommen hatten. Nämlich möglichst viele Kongressteilnehmer zu erreichen und ihnen die Kommunikationsbotschaft unseres Auftraggebers zu übermitteln. Wir hatten uns gedanklich durch den Kongress, das überfüllte Eingangsforum, die unzähligen Stände und Promotion-Tische, die Sponsoren-Lounges und Hostessen „gedacht“ und waren zu der Überzeugung gelangt: Geht nicht, keine Chance in der Kürze der Zeit, mit dem vorgegebenen Budget erfolgreich zu sein.

Aber wenn es nicht auf dem Kongress geht ..., dann geht es vielleicht schon vor dem Kongress? Damit hatten wir die Parameter verändert. Zeit und Ort in diesem Fall. Aber wie weiter? Mailing an die Kongressteilnehmer? Nette Idee, aber die Adressen bekommt man nicht. Hausbesuch bei der Zielgruppe? Nette Idee, aber siehe oben, und budgetär nicht machbar. Und so weiter.

Und dann kann der zündende Einfall: Da es sich um Entscheider handelte und der Kongress in Berlin stattfand, würde der Großteil der Gäste statusgemäß fliegen.[14] Also die meisten, außer sie lebten in Hamburg, Hannover, Kassel und den neuen Bundesländern. Die fuhren vermutlich Zug oder Auto. Dieser Streuverlust war verschmerzbar, da die potenziell besten Kunden ohnehin aus Baden-Württemberg, Bayern, Hessen und NRW kamen. Mit den Flughäfen München, Nürnberg, Stuttgart, Frankfurt, Düsseldorf und Köln erreichte man also den Großteil der Gäste.

Überaus effizient übrigens, denn am Ende musste man weniger als zwei Dutzend Flugverbindungen abdecken. Und das Interessanteste: Unser Kunde war der allererste Kontakt, den Kongressbesucher mit dem Kongress hatten. Also Ansprache, Aufmerksamkeit und Wirkung vor allen anderen. Was genau wir angestellt haben, zeigt Ihnen der Casefilm.[15] Viel Vergnügen. Alle Anekdoten rund um Tegel erzählen wir gerne bei einem persönlichen Kontakt. Zum Beispiel in der passenden Masterclass.

„Promotion schon an den Abflughäfen“ stand auf dem Flipchart. Hätte man jetzt kritisch „Warum?“ gefragt, „Wir sollen doch einen Event konzipieren und keine Promotion“, wäre die Idee vermutlich im Papierkorb gelandet. „Warum nicht“ rettete die Idee und nach ein paar Diskussionen wurde allen klar, dass das der richtige Ansatz war. Am Ende konnten wir auch den Kunden überzeugen – und die Aktion war ein großer Erfolg.

Dann Destination und Location: Eine zentrale Konferenz-Location mit entsprechender Infrastruktur gemäß Briefing – oder wie wäre es, mal ein ganzes Dorf zu mieten? Oder Ihre Jahresauftaktveranstaltung mal nicht in der bewährten Multifunktionshalle abzuhalten, sondern auf einem Schiff?

Das Programm: Muss die geplante Konferenz linear verlaufen oder könnte eine festival-artige Struktur den Bedürfnissen der Teilnehmer eher entgegenkommen?

Und so weiter und so fort. Sie sehen, mit systematischem Hinterfragen und lustvollem Ändern der vorgegebenen Parameter tun sich neue, interessante Spielfelder auf. Das ist gerade auch bei wiederkehrenden Projekten interessant, bei denen sich eine gewisse Routine und damit auch Starrheit in der Herangehensweise eingeschlichen hat. Ohnehin gilt es, beides permanent aufzubrechen und frisch zu denken.

14 Und „Fridays for Future“ lag noch in ferner Zukunft. „Man(n) flog halt nach Berlin“.

15 https://t1p.de/logistikkongress

ZUM MITNEHMEN

Das war lang, das war anstrengend. Aber es hat sich hoffentlich gelohnt. Drei Asse für Ihren Ärmel, mit denen Sie konzeptionell auftrumpfen können. Ihre Themen sind abstrakt und nicht so sexy wie ein Auto? Kein Problem, Sie haben gelernt, wie man auch das trockenste Knäckebrot in eine emotionale Torte übersetzt. Ihr Produkt ist „low interest"? Durch Überhöhen machen Sie ein gefeiertes Stück Kunst daraus. Die Rahmenbedingungen Ihres Briefings lassen nur mediokre Lösungen zu? Jetzt wissen Sie, wo und wann Sie ein paar Parameter verändern müssen, um Ihr Budget viel zielführender einsetzen zu können. Mit diesem Schwung schaffen Sie bestimmt auch gleich das nächste Kapitel.

10
FÜNF ERLEBNIS-DIMENSIONEN.

Fünf Erlebnis-Dimensionen.

Bevor Sie mit der Konzepterstellung beginnen, geben wir Ihnen in diesem Kapitel eine hilfreiche Checkliste an die Hand. Damit können Sie aus einer ungewöhnlichen Perspektive prüfen, ob Sie genügend geeignete Ideen als Zutaten für ein erfolgreiches Konzept gesammelt haben. Schritt für Schritt gehen wir durch fünf unterschiedliche Erlebnis-Dimensionen: Sinne, Gefühle, Denken, Handeln und das Schaffen von Zugehörigkeit. Und erklären, wie diese Ihnen dabei helfen, das gute Gefühl zu bekommen, an alles gedacht zu haben.

Ist alles drin? In Ihrem Konzept? Haben Sie wirklich an alles gedacht? Mit diesen Fragen werden Sie sich während der Konzepterstellung häufig befassen. Zum einen stellt sich der erfahrene (und somit reflektierte) Eventmanager gern und oft die Frage, ob sein Konzept alle „Zutaten" hat, die es erfolgreich machen werden. Und zum anderen kann genau diese Frage – zum richtigen Zeitpunkt gestellt – helfen, Ideenfindung und Brainstorming zu strukturieren.

Gehen wir also in diesem Moment davon aus, dass Ihr Konzept noch nicht fix und fertig ist. Wir nutzen die „Ist-alles-drin-Frage" nun, um den kreativen Gedankenfluss zu steuern und zu strukturieren.

Erinnern wir uns an Herrn Maslow aus Kapitel 1. Wir haben erfahren, dass sich die menschlichen Grundbedürfnisse aufeinander aufbauend in ihrer Intensität steigern. First things first. Zuerst Grundbedürfnisse wie Essen, Trinken und Sicherheit, dann Anerkennung und am Ende Selbstverwirklichung. Maslows Gedanken und seine Ordnung helfen uns tatsächlich auch, wenn wir sie als (unbedingt notwendige) Zutaten zu einem guten Konzept verstehen. Entwickeln wir seine Bedürfnisse gedanklich noch etwas weiter, dann kommen wir zu folgender Erkenntnis: Gute Eventkonzepte wirken in fünf Dimensionen auf die Eventbesucher:

Sie sprechen die Sinne an.

Sie wecken Gefühle.

Sie fordern den Intellekt.

Sie lösen Handlungen aus.

Sie schaffen Zugehörigkeit.

Im Marketing- und Kommunikationskontext hat dies unseres Wissens nach Prof. Bernd Schmitt zum ersten Mal in seinem Buch „Experiential Marketing"[1] formuliert und die fünf Bausteine Sense, Feel, Think, Interact und Relate genannt. Das Buch hat uns beeindruckt und verwundert. Beeindruckt, weil es – typisch amerikanisch[2] – seine interessanten Erkenntnisse

1 Bernd H. Schmitt, Experiential Marketing, The Free Press, New York, 1999.

2 Dabei ist Bernd Schmitt Ur-Deutsch, lehrt allerdings seit einer halben Ewigkeit an der Columbia University. Leben und Arbeiten in den USA verändert einen Menschen, das können wir aus eigener Erfahrung nur bestätigen.

gut, einfach und plakativ auf den Punkt bringt und dabei auch noch unterhaltsam geschrieben ist. Seine Gedanken konnten wir in großen Teilen gut nachvollziehen – haben jedoch nicht verstanden, warum er den Brückenschlag zu Events nicht gesehen oder gewagt hat. Denn was für Marketing und Kommunikation postuliert wurde, passte noch (viel) besser auf Events. Schließlich bieten Veranstaltungen de facto mehr Möglichkeiten für seine Forderungen als die „klassische Kommunikation", die ja in der Regel nicht fünf, sondern eher zwei oder drei Sinne adressieren kann.

Werbung im Internet: ein bis zwei Sinne – sehen und hören

Radio: ein Sinn – hören

TV: zwei Sinne – sehen und hören

Print/Plakat: ein bis drei Sinne – sehen, manchmal fühlen, ganz selten hören

Events: bis zu fünf Sinne – sehen, hören, fühlen, riechen, schmecken

Wir haben uns erlaubt, Professor Schmitts Gedanken in den Raum und in die Zeit zu verlängern und so auf Live-Kommunikation auszuweiten. Tatsächlich sind die fünf Postulate, die Bernd Schmitt formuliert hat, fünf wichtige Zutaten für gute Eventkonzepte. Und das wird besonders klar, wenn man sie in Relation zu Maslow setzt. Gehen wir sie der Reihe nach an.

1 von 5: SENSE

Zunächst: Jedes gute Eventkonzept spricht die Sinne an. Das müsste eigentlich selbstverständlich sein[3], denn Events leben und profitieren von der Kraft der fünf Sinne. Neben Seh- und Hörsinn bieten nur Events die Möglichkeit, Haptik, Gustatorik und Olfaktorik[4] anzusprechen. Was heißt das konkret? Gute Events adressieren so viele der fünf Sinne wie möglich. Und so viele wie sinnvoll. Bitte konsultieren Sie dazu auch Kapitel 9 der Currywurst. Dort haben wir ausgiebig erläutert, warum es wichtig ist, sein Unternehmen, seine Marke, seine Produkte und Dienstleistungen auf allen Sinnesebenen zu verankern.

3 Ist es aber leider nicht. „Mit allen Sinnen erleben" ist bei der Mehrheit aller Events nicht mehr als ein Lippenbekenntnis (und beim „Bullshit Bingo" immer ein sicherer Gewinner).

4 Was ist was? Olfaktorik ist der Geruchssinn. Gustatorik, wer etwas Spanisch versteht kann es auf Umwegen herleiten, der Geschmackssinn.

Neben der (allzu offensichtlichen) Frage nach der Kulinarik müssen Sie sich fragen, wie sich Ihre Firma „anfühlt". Im wahrsten Sinne des Wortes. Oberflächen, Materialien, Stoffe – Dinge, die die Gäste berühren, all dies spielt hier eine Rolle. Über das Aussehen – also die in den Raum übersetzte Corporate Identity (CI) des Unternehmens – haben Sie sich bestimmt schon die gründlichsten Gedanken gemacht. Eventdesign, Farbgebung, Bühnenbild und so weiter. Akustische Event-CIs sind noch eher selten, der Bereich des Corporate Sound sollte aber nicht vernachlässigt werden. Ebenso wird das ganze Feld der Gerüche und Düfte in Zukunft eine noch größere Rolle spielen.

Wie kann Ihnen das nun bei der Eventkonzeption helfen? Ganz einfach, wenn Sie sich an Kapitel 2, die Ziele für Ihre Veranstaltung und die einfache Frage nach dem „Warum" erinnern, haben wir damit bereits eine imaginäre Liste im Kopf, die wir nun im Hinblick auf die Sinne „abarbeiten" können. Ist es zum Beispiel Ihr Ziel, Ihr Unternehmen als „innovativ" darzustellen, sollte Sie dies auf viele kleine Ideen bringen, wie Sie das über die gezielte Ansprache der Sinne verdeutlichen könnten.

Innovativ? Dann sollte es ziemlich sicher kein hundertmal gesehenes italienisches Vorspeisenbuffet geben dürfen, ebenso wenig wie die schon viel zu oft gehörte Loungemusik à la Café del Mar. Auch Dekoration und Möbel bergen eine Menge Potenzial, auf neue Materialien, Stoffe oder Designs zurückzugreifen. Ob kleine Umsetzungsideen oder der große Einfall, beides kann im Brainstorming entstehen, wenn man versucht, das Briefing und die Ziele auf der Sinnesebene zu adressieren.

Dazu ein Beispiel aus unserer Hall of Fame. Eventziel: „größtmögliche, auch mediale Aufmerksamkeit"[5] für die Eröffnung eines Mode-Flagship-Stores und die Präsentation einer optisch leider wenig spektakulären Modekollektion. Lösung: Fokus auf die unerwartete Ansprache der Sinne. Klickt es bei Ihnen? Erinnern Sie sich an Kapitel 4 und das Kindermuseum mit dem Blindenparcours? Nun verstehen Sie, warum wir Ihnen das Konzept „Inspiration und Ideenspeicher" so ans Herz gelegt haben.

In vielen Brainstormings hatten wir versucht, den neuen Flagship Store und die Kollektion so in Szene zu setzen, dass „maximale Aufmerksamkeit" das Ergebnis wäre. Unter den gegebenen Rahmenbedingungen tatsächlich kaum zu lösen – ein kleines Einzelhandelsgeschäft als Eventlocation, eine

5 Vor den sozialen Medien bedeutete das in der Regel Presseberichte und „Word of Mouth", also Eventbesucher, die möglichst vielen anderen davon begeistert erzählten.

Modekollektion ohne optische Highlights und ein wirklich kleines Budget. Erst ein Trick brachte uns auf die Lösung. Wenn man etwas nicht opulent in Szene setzen kann, ist unter Umständen das genaue Gegenteil die Lösung. Anstatt Ladenlokal und Mode zu zeigen, versteckten wir beides. Anstatt, wie bei Mode zu erwarten, auf den Sehsinn zu fokussieren, nahmen wir diesen weg und ersetzten ihn kurzzeitig durch Tast-, Hör- und Geruchssinn. Die überraschten Eventgäste mussten sich das Geschäft und die Kollektion mit ihren anderen Sinnen „erarbeiten". Umso größer war nach der Inszenierung das Interesse daran, das Gefühlte, Gerochene und Gehörte nun tatsächlich auch zu sehen.

Die Eröffnung des Marc O'Polo Flagship Stores in Frankfurt war so für die Gäste ein Erlebnis, an das sich viele noch Jahre später erinnerten. Das Konzept des Ideenspeichers und das sorgfältige Abklopfen der Sinne brachten uns auf die Idee. Dieses Vorgehen hat uns und unsere Arbeitsweise geprägt und erfolgreich gemacht.

Nutzen auch Sie diesen Trick, er ist häufig der Schlüssel zum Erfolg. Aber bitte bedenken Sie, dass die Sinne nicht für jedes „Eventproblem" die Lösung sein können. Prüfen sollten Sie den „Sinnes-Ansatz", aber in jedem Fall liefert er Ihnen verlässlich Umsetzungsideen.

2 von 5: FEEL

Die zweite Zutat erfolgreicher Events sind Gefühle, von Bernd Schmitt als „Feel Postulat" beschrieben. Die Welt der Gefühle. Hier wird es sofort spannend, denn Events kommen fast automatisch mit Gefühlen einher. Die berühmte Gänsehaut fällt einem sofort ein. Der „Schauer, der einem über den Rücken läuft", Lachen und – hoffentlich seltener – Weinen. Unser Gefühlskanon ist groß, Events sind eine passende Bühne, um Gefühle zu wecken. Tatsächlich sollten Sie aber bei Gefühlen an mehr als nur an Freude und Begeisterung denken. Beide Emotionen passen offensichtlich zu Events und sind selbstverständlich auch nicht falsch. Sie sind aber nur der Einstieg in das Thema. Freude, Begeisterung definitiv, aber was noch? Welche Gefühle[6] können Events darüber hinaus wecken, schüren, verankern?

6 Einer neueren Studie nach kennt der Mensch 27 Gefühle. Da dürfte für jeden Anlass doch etwas Passendes dabei sein. https://www.gesundheitstrends.com/a/schlaf-und-psyche/wie-viele-gefuehle-hat-der-mensch-15047

Denken Sie an den Anfang dieses Buches und unsere Ausführungen über Ziele und Probleme. Es ging darum, klar herauszuarbeiten, warum Sie Events planen und veranstalten. Zum Beispiel, um Produkte zu verkaufen, um Mitarbeiter an das Unternehmen zu binden oder um das Bild Ihrer Firma in der Öffentlichkeit positiv zu prägen. Fallen Ihnen dazu passende Gefühle ein?

ÜBUNG 13

Nehmen wir das Beispiel „Mitarbeiterbindung". Welche Gefühle sollte ein Eventkonzept bei den Mitarbeitern wecken, damit es erfolgreich ist?

Tools: Stift und Ihre Gedanken

Zeitbedarf: 3 Minuten

Gefühle zum Thema Mitarbeiterbindung:

Wenn es um Produktabsatz (oder Dienstleistungen) geht, könnte ein Gefühl wie Vertrauen das Richtige sein. Beim Thema Mitarbeiterbindung liegt man mit Dankbarkeit und Loyalität sicher nicht falsch. Und beim Image in der Öffentlichkeit kommt zum Beispiel Neugierde in den Sinn. Andere, interessantere Gefühle als nur die bekannte und allgegenwärtige Freude. Beschränken Sie sich also in der Konzeption nicht unnötig, denken Sie breiter und überlegen Sie, welche Gefühle helfen könnten, Ihr Eventziel zu erreichen. Gefühle wie Verlangen oder Aufregung können hilfreich sein, geht es zum Beispiel darum, konkurrierende Forschungsteams auf eine Wettbewerbssituation einzuschwören.

Gefühle zu wecken ist logischerweise eine Kernkompetenz von Events, bleibt aber leider oft auch nur eine Plattitüde. Versuchen Sie, tiefer einzusteigen und die Möglichkeiten, die sich daraus ergeben, gezielt einzusetzen. Und es gilt: Erfolgreiche Eventkonzepte lassen die Besucher nicht kalt, erfolgreiche Eventkonzepte wirken lange nach, da die Besucher die Emotionen, die sie während des Events hatten, lange in Erinnerung behalten. In der Regel deutlich länger als die Informationen, die auf der gleichen Veranstaltung vermittelt wurden.

3 von 5: THINK

Die intellektuelle Herausforderung gehört einfach dazu. So einfach könnte man formulieren, was sich hinter der dritten Facette „Think“ verbirgt. Wurde in der Vergangenheit gerne „vor-gedacht“ (um auf Nummer sicher zu gehen und zu „garantieren“, dass die Eventbotschaft auch bei jedem korrekt ankommt), setzt sich bei zeitgemäßen Eventkonzepten die Einsicht durch, dass man den Gästen auch eine inhaltliche Auseinandersetzung bieten sollte.

Den Gast zum Nachdenken anzuregen, ihn inhaltlich in das Event einzubeziehen, ist genauso en vogue wie richtig. Gerade bei der Heranführung an das Thema des Events liegen viele Chancen, den Gast ein bestehendes Problem oder eine Herausforderung erkennen oder eine Herleitung selber vornehmen zu lassen. Umso einfacher gelingt dann der Brückenschlag zur Lösung, die der Gastgeber anbietet.

Auch hier ist die Frage „Wie können wir die Gäste gedanklich in den Ablauf einbinden?“ nicht nur Gradmesser für den Erfolg, sondern auch „Suchfeld“[7] für Ideen. Wenn Sie diesen Bestandteil ebenfalls für wichtig halten, leitet Sie die Frage nach dem „Wie“ (Wie binde ich die Gäste ein?) und dem „Wann“ (hier dreht es sich um die Dramaturgie, also den richtigen Zeitpunkt) in Ihren Gedanken oder Brainstormings. Sie müssen quasi eine Mechanik erdenken, mit der diese intellektuelle Einbindung funktioniert, den Gästen Freude macht und zum Eventerfolg beiträgt. Einfach formuliert: Mit welcher Übung, welchem Spiel, welcher Methode kann dies gelingen? So eine Frage ist konkret genug, um gute Antworten zu liefern. Probieren Sie es bitte gleich aus.

ÜBUNG 14

Einer Ihrer vergangenen Events: Wurden die Eventteilnehmer an einer Stelle gedanklich gefordert, mussten sie etwas tun, sich mit etwas auseinandersetzen? Wenn ja, war es gut und gelungen? Wenn nein, wie würden Sie es mit Ihrem heutigen Wissen anstellen?

Tools: Stift, Ihre Erinnerung, Ihre kreative Ader

Zeitbedarf: 5–10 Minuten

Wo und wie wurden meine Teilnehmer gedanklich gefordert?

7 Was ein Suchfeld ist, haben wir ausführlich im Kapitel 8 erklärt.

Es muss keine Partie Schach sein.[8] Aber ein wenig Denksport schadet selten. Wir haben einmal nicht ganz absichtlich ein Unternehmen in Atem gehalten, da die Mitarbeiter unbedingt herausfinden wollten, wo die geheime Location für ihr Fest denn nun sei. Die Einladung war ein länglicher Holzquader, der (aus Budgetgründen) mit ein paar Basisinformationen gestempelt war. Kurz vor dem Event waren sich einige „Detektive" sicher, das Event fände in einem Sägewerk statt – und hatten alle in Frage kommenden Unternehmen im Umkreis von 20 Kilometern recherchiert. Tatsächlich stieg das Fest aber in einer aus Überseecontainern vor den Augen der Gäste entstandenen Pop-up-Location.

Die Erfahrung hat uns vielfach gezeigt, dass Denksport gut funktioniert. Sie müssen nur an die drei „E"s und an Köder, Fisch und Angler denken.

4 von 5: INTERACT

Die Zeiten des passiven Konsums sind ein für alle Mal vorbei. Auch bei Events. Frontalbespaßung ist nun endgültig ein Relikt aus der Vergangenheit. Nicht erst seit Internet, sozialen Medien und interaktivem TV wollen Menschen eingebunden werden. Nicht über die Maße, aber wohldosiert und sinnhaft. Formate wie Fishbowl oder World-Café sind Zeuge dieser Entwicklung. Aber es sind nicht nur solche „fertigen Formate", die die Interaktion befeuern. Auch hier gilt wieder: Überlegen Sie, welche Form der Interaktion beitragen könnte, das Eventziel zu erreichen. Solche Interaktionen können durchaus auch symbolischer Natur sein.

Bei der gerade beschriebenen Pop-up-Location mussten die Mitarbeiter, die mit diesem Fest für ihre Aufbauarbeit belohnt wurden, ein letztes Mal Hand anlegen und einen sechs Meter langen Container, der den Zugang zur Location versperrte, aus dem Weg räumen. Das taten sie gern und mit großem Spaß, nicht zuletzt, da wir den Überseecontainer zuvor mithilfe kleiner, unsichtbarer Rollen leichtgängiger gemacht hatten. Wir bevorzugen solche selbst gemachten, auf die Situation abgestimmten und sinnhaften Interaktionen, aber selbstverständlich können auch bestehende Voting- oder Kollaborations-Tools einen guten Beitrag leisten. Sofern sie sinnvoll, durchdacht und verständlich in den Eventablauf eingebaut werden.

8 Wobei das durchaus eine gute Idee sein könnte. Fast jeder Mensch spielt gern. Überlegen Sie, wo und warum es passen könnte. Und ein tolles Bild wäre es auch: 100 oder gar mehr Mitarbeiter an 50 oder mehr Schachbrettern.

5 von 5: RELATE

Postulat Nummer 5 ist auf seine Art vielleicht sogar das stärkste. Die Zugehörigkeit zu einer Gruppe, einer Gemeinschaft, einem Team setzt in uns Menschen ungeahnte Energien und Gefühle frei. Gemeinsam sind wir stark, zusammen geht alles besser, der Mensch ist ein Herdentier – unser täglicher Sprachgebrauch ist voll von Anspielungen auf dieses Thema. Die wenigsten Menschen sind Einzelgänger, fast jedem von uns ist es wichtig und macht es Freude, Teil einer größeren Gemeinschaft zu sein oder sich zumindest mit Menschen mit gleichen Interessen auszutauschen.

Zugehörigkeit zu schaffen ist daher ein wichtiges Element erfolgreicher Eventkonzepte. Als Gruppe Gleichgesinnter – oder Gleichfühlender – durchlebt man sein Eventerlebnis deutlich intensiver. Das Phänomen der Gruppenzugehörigkeit kann man übrigens mehrmals jährlich bei den bereits erwähnten Apple-Produktvorstellungen, den sogenannten Keynotes, erleben. Auch wenn der aktuelle CEO nicht mehr die Strahlkraft eines Steve Jobs hat, spürt man selbst als Zuschauer am Computerbildschirm, was es bedeutet, Teil des Publikums zu sein. Und auch von den gestreamten „Apple Events“ der Pandemie-Zeit kann man einiges über Inszenierung und Dramaturgie lernen.

Ein Gruppengefühl entsteht auf unterschiedlichsten Wegen. Lange Tafeln beispielsweise – ganz wie bei einer Familienfeier – sehen nicht nur großartig aus, sondern schaffen auch viel mehr Zusammengehörigkeit als runde Zehnertische.[9] Anlässlich des Zusammenschlusses zweier vormals konkurrierender Unternehmen ließen wir alle Mitarbeiter porträtieren und präsentierten die Bilder am Eingang zur Location. Jeder Mitarbeiter wurde gebeten, sein Porträt zu suchen und an einer Wand mit Hunderten von Haken zu platzieren. Die Bilder aller Mitarbeiter zusammen ergaben dann den Firmennamen. Teil eines größeren Ganzen zu sein erlebten die neuen Kollegen mithilfe einer einfachen, wirkungsvollen Geste, die noch dazu starke Bilder generierte. Anzuschauen ist das hier: https://t1p.de/facesmerger

Alle fünf Postulate – Sense, Feel, Think, Interact und Relate – spiegeln, wie wir gesehen haben, menschliche Bedürfnisse wider. Ein Grund, warum sie bei Events auf so fruchtbaren Boden fallen und große Wirkung erzielen.

9 Zehnertische sind entgegen der landläufigen Meinung extrem unkommunikativ. Sie maximieren den Abstand zu sieben Personen, ermöglichen Nähe lediglich zu zwei Personen. Lange Tische hingegen erlauben Gespräche mit mindestens fünf Personen. Messen Sie mal nach.

Für die Eventkonzeption sind sie also wie erläutert an zwei Stellen hilfreich. Erstens als „Suchfeld", um zu prüfen ob sich mit ihrer Hilfe gute Ideen, Ansätze oder gar ganze Konzepte finden lassen, um die Eventbotschaft zu vermitteln. Und zweitens funktionieren sie sehr gut als „Checkliste", um zu prüfen, ob das fertige Konzept so viele Dimensionen wie möglich abdeckt. Hier stimmt ausnahmsweise: Viel hilft viel!

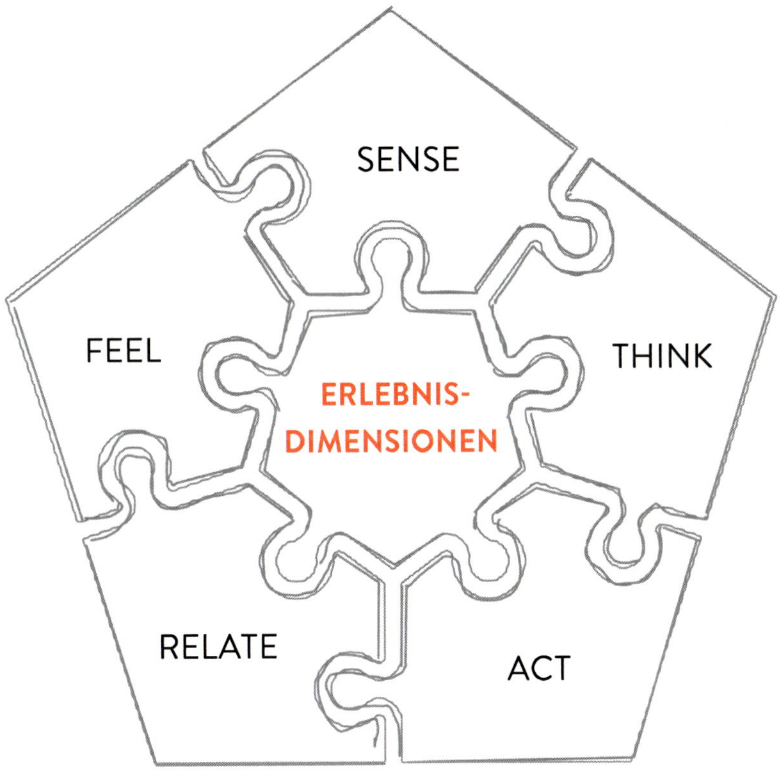

ZUM MITNEHMEN

Jetzt wissen Sie, warum jedes gute Eventkonzept alle fünf Sinne gezielt und konsistent ansprechen sollte, welche Gefühle außer Freude und Begeisterung es sich zu wecken lohnt, weshalb Sie den Intellekt Ihrer Gäste fordern sollten, wieso interaktive Elemente unverzichtbar sind und mit welchen Mitteln Sie Zugehörigkeit schaffen. Diese fünf Erlebnis-Dimensionen helfen Ihnen zu prüfen, ob Sie alle Zutaten für ein erfolgreiches Konzept zusammenhaben.

11
ZEHN SCHRITTE ZUM KONZEPT.

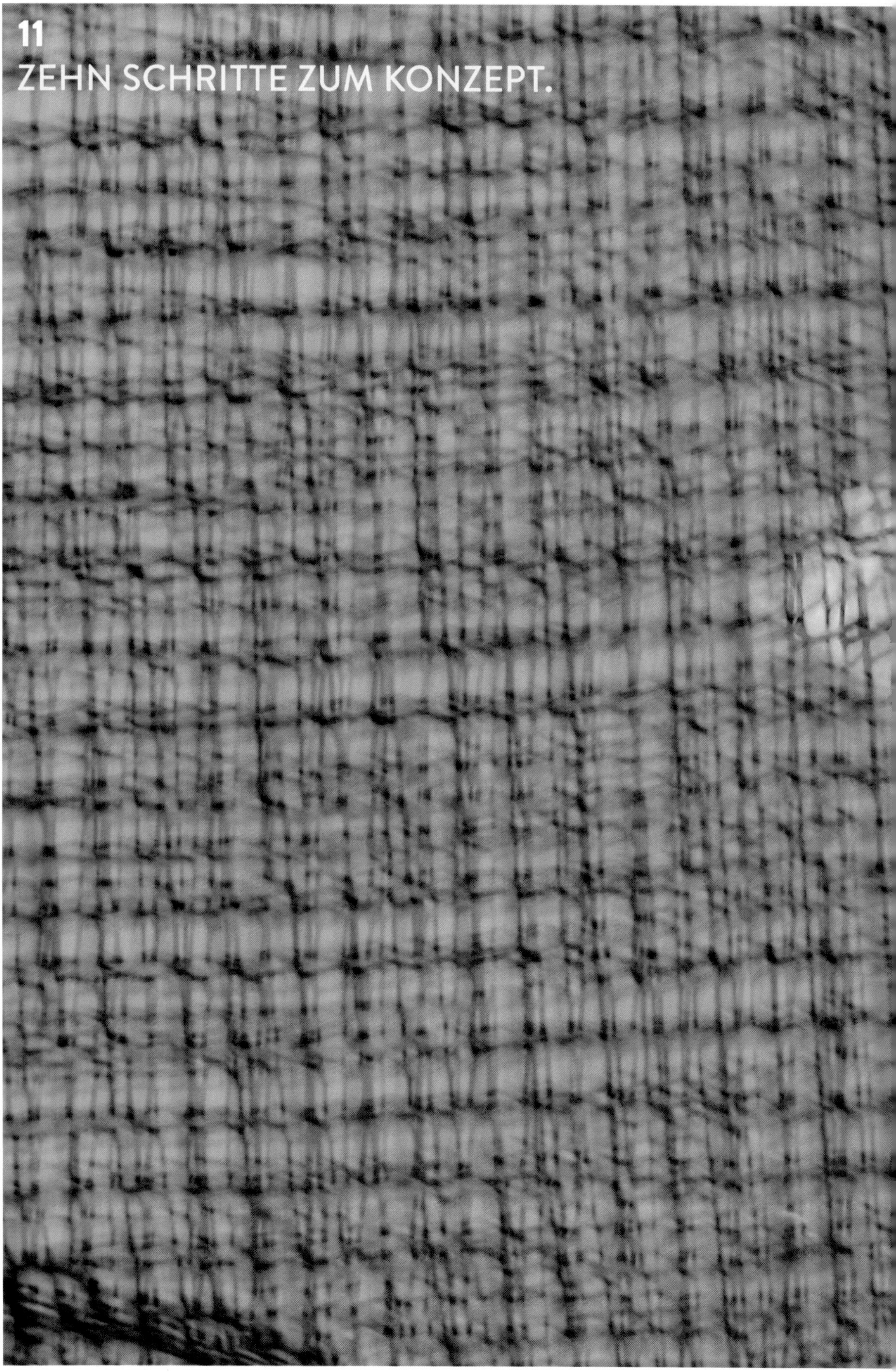

Zehn Schritte zum Konzept.

Wir haben Ihnen Wissen, Tricks, Struktur und Erfolg versprochen. Deshalb führen wir Sie jetzt noch einmal kurz durch das Erlernte. Stück für Stück, Schritt für Schritt. Und alles wird sich (hoffentlich) wie ein Puzzle zusammenfügen. Bereit? Auf geht's!

In den letzten 10 Kapiteln haben wir Ihnen den gesamten kreativen Prozess ausführlich beschrieben und Ihnen eine Reihe von Tipps und Tricks zur Ideenfindung an die Hand gegeben. Bevor wir uns nun damit beschäftigen, wie Sie Ihre Ideen bewerten und in eine präsentable Form bringen, lassen Sie uns in diesem Abschnitt noch mal die eben beschriebene zielgerichtete, systematische Vorgehensweise bei der Ideenfindung Schritt für Schritt in einer „Checkliste" mit praktischem Nutzwert rekapitulieren.

Schritt 1: DIE FRAGE

Stellen Sie sich zunächst die Frage, was eigentlich ein erfolgreiches Event ausmacht. Ganz allgemein und in Ihrem Unternehmensumfeld. Orientieren Sie sich dafür an der Maslowschen Bedürfnishierarchie und definieren Sie Erfolgskriterien auch über die Grundbedürfnisse Ihrer Gäste hinaus. Auch wenn das zunächst wie eine akademische Übung erscheinen mag, hilft Ihnen diese Frage beim Umdenken.

Schritt 2: DAS PROBLEM

Sobald Sie einen Anlass haben, für den Sie ein Event planen sollen, machen Sie sich zuerst klar, welches Problem Ihre Veranstaltung lösen soll. Denn nicht der Anlass, sondern das Problem ist der Schlüssel zu erfolgreichen, wirkungsvollen Eventkonzepten. Lassen Sie nicht locker, bis Sie das Problem gefunden haben.

Schritt 3: DIE AUFGABE

Bestehen Sie darauf, dass Ihr Auftraggeber Ihnen ein gutes Briefing liefert. Dieses sollte nicht nur quantitative Rahmenbedingungen oder vordefinierte Abläufe enthalten, sondern die Beschreibung von Aufgabe und Problem, sauber definierte Ziele sowie qualitative Zielgruppenbeschreibungen samt deren Einstellungen, Erwartungen und Erfahrungen. Suchen Sie das offene Gespräch mit Ihrem Auftraggeber, haken Sie im Zweifel nach, hinterfragen Sie vermeintlich Gegebenes und erstellen Sie als Arbeitsgrundlage ein schriftliches Re-Briefing.

Schritt 4: DIE INSPIRATION

Machen Sie sich bewusst, dass Sie sich als Eventmanager von sehr vielen Dingen inspirieren lassen können. Nämlich von allem, was mit Events zu tun hat, und von sehr vielem, was nichts mit Events zu tun hat, aber dafür mit Erlebnissen – Hotels, Shop-Konzepte, Theater, Kino, Oper, Museen etc. Gewöhnen Sie sich an, all diese Dinge aufmerksam wahrzunehmen und die Highlights in Ihrem „Ideenspeicher" (gedanklich oder besser noch schriftlich) abzulegen, um sich bei Bedarf daran zu erinnern und die Essenz oder das Prinzip dahinter für Ihre Konzeption nutzen zu können.

Schritt 5: DIE KREATIVITÄT

Der Mensch ist qua seiner Natur ein kreatives Wesen. Wie kreativ jemand ist, hängt in erster Linie von der Selbsteinschätzung ab. Erkennen und lösen Sie Denkblockaden in Ihrem Kopf. Haben Sie den Mut, frei zu denken, auch mal unsinnig, größenwahnsinnig, verrückt oder einfach anders. Es ist nicht schlimm, tut niemandem weh, hilft Ihnen aber ungemein, auf neue und spannende Ideen für Ihre Projekte zu kommen. Das geht natürlich nicht auf Knopfdruck – Schritt 4 und 5 sind als kontinuierlicher Prozess zu verstehen, um Ihr „Mindset" Stück für Stück zu verändern, hin zu mehr Kreativität.

Schritt 6: DER KREATIVE PROZESS

Jetzt gilt es, kreative Ideen für Ihr konkretes Projekt zu generieren. Damit diese sprudeln, sorgen Sie für förderliche Rahmenbedingungen. Stellen Sie Ihr Team zusammen. Schaffen Sie sich genügend Ruhe, Zeit und Raum, wenn möglich auch außerhalb des Büroumfeldes. Geben Sie sich nicht mit der erstbesten Idee zufrieden, suchen Sie fleißig nach besseren Alternativen. Halten Sie Menschen mit Neigung zum „Zitronengesicht" aus dem Prozess heraus.

Schritt 7: DIE KREATIVITÄTSTECHNIKEN

Systematisieren Sie Ihre Ideenfindung nun weiter – mit Kreativitätstechniken, die Sie im Team vor Ort oder auch digital anwenden können. Achten Sie besonders beim Brainstorming auf die Spielregeln, erlauben Sie sich aber auch Interpretationsspielräume. Probieren Sie ruhig auch schriftliche Techniken wie das Brainwriting oder die strukturierteren Methoden 635 oder den Morphologischen Kasten. Lassen Sie gedanklich auch mal los und profitieren Sie von „drucklosen" Situationen wie unter der Dusche oder beim Spazierengehen, bei denen Ihnen die Ideen oft wie von allein kommen.

Schritt 8: DIE KREATIV-TURBOS

Ihre bisherigen Ansätze führen noch nicht zum großen Wurf? Steigen Sie tiefer ein, formulieren Sie Botschaften und definieren Sie Suchfelder. Unter Botschaften verstehen wir das, was Sie mit Ihrem Event bei Ihren Gästen verankern wollen – formuliert in ein, zwei prägnanten Sätzen. Suchfelder können einzelne Veranstaltungsbestandteile sein oder die Einstellungen, Erwartungen und Erfahrungen Ihrer Zielgruppe. Klopfen Sie Suchfelder systematisch ab, um bisher ungedachte Ideen zu finden.

Schritt 9: DIE TRICKS

Noch nicht ganz zufrieden? Kein Problem, im kreativen Werkzeugkasten warten drei weitere Tricks. Erstens: Abstraktes konkret machen. Übersetzen Sie abstrakte Produkte, Dienstleistungen oder Botschaften, die Sie auf Ihrem Event kommunizieren wollen, in etwas Konkretes, in etwas Greifbares. Zweitens: Produkt oder Botschaft überhöhen. Denken Sie groß oder besser noch größer. Übertreiben Sie maßlos – damit tun sich neue Welten auf. Drittens: Regeln oder Parameter ändern. Hinterfragen Sie die „vorgegebenen" Rahmenbedingungen und modifizieren Sie sie gedanklich. Ändern Sie die Spielregeln und erschaffen Sie so im wahrsten Sinne des Wortes einen „Game Changer".

Schritt 10: DIE ERLEBNIS-DIMENSIONEN

Auf dem Weg zum wirkungsvollen Eventkonzept haben wir Ihnen zu guter Letzt noch fünf wichtige (Wirkungs-)Dimensionen ans Herz gelegt: Sense, Feel, Think, Interact und Relate. Prüfen Sie wie mit einer Checkliste, ob Sie an jeden dieser Bausteine gedacht haben: Sprechen Sie die Sinne Ihrer Gäste an? Wecken Sie Gefühle? Fordern Ihre Ideen den Intellekt? Lösen Sie Handlungen aus? Schaffen Sie Zugehörigkeit? An alles gedacht? Dann können Sie Ihre Ideen im nächsten Schritt verdichten und zu einem Konzept zusammenstellen.

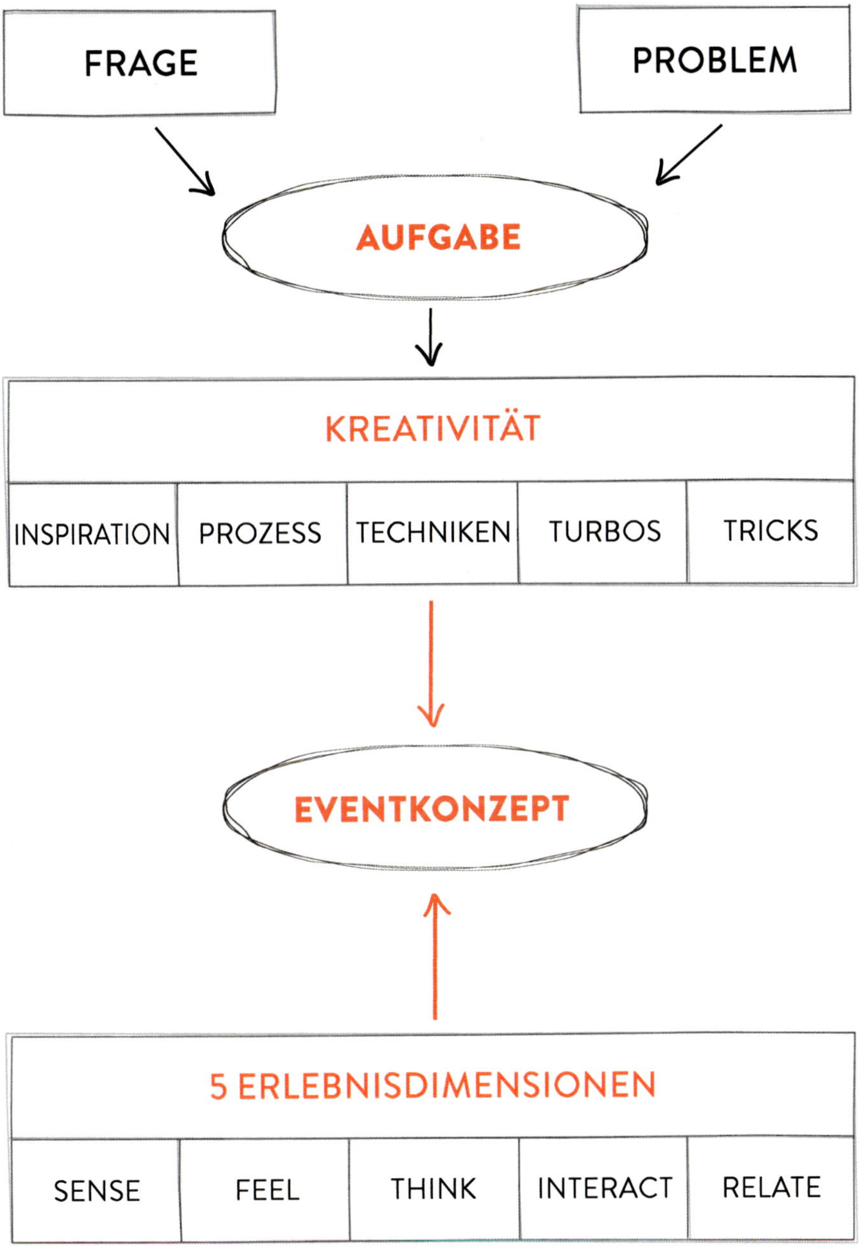

Überblick 10 Schritte zum Konzept

ZUM MITNEHMEN

Übung macht den Meister. Klar, eine Plattitüde, aber auf Ihrem Weg zum Event-Konzeptioner eine unausweichliche Erkenntnis. Arbeiten Sie die hier noch einmal skizzierten Schritte stoisch ab, es wird etwas Gutes dabei herauskommen. Das können Ihnen die vielen Hundert Absolventen unserer Konzeptionsseminare bestätigen.

12
WIE MAN IDEEN BEWERTET.

Wie man Ideen bewertet.

Jetzt wird aufgeräumt und ausgemistet. Viele Ideen liegen oder hängen vor Ihnen. Nun haben Sie die Qual der Wahl. Wie Sie den besten Baum im Wald oder die spitzeste Nadel im Heuhafen finden und sichtbar machen, verrät das vorletzte Kapitel dieses Buches.

So, nun haben Sie in Workshops, Brainstormings oder Brainwritings fleißig Ideen für Ihre Veranstaltung gesammelt – und sie auf Flipcharts, Post-its, Karten, Blättern oder digital festgehalten. Jetzt gilt es, die Spreu vom Weizen zu trennen. Wenn Sie bei der Ideengenerierung diszipliniert die Regel befolgt haben, zunächst nicht zu bewerten, liegt nun ein großer Heuhaufen aus Fragmenten, Gedanken, Einfällen und Assoziationen vor Ihnen, aus denen Sie die Nadel, die große Idee destillieren müssen. Sofern diese sich überhaupt schon darin befindet. Wie finden Sie das heraus? Wodurch offenbart sich das Potenzial eines Gedankens? Woran können Sie eine gute Idee erkennen?

Auch der Prozess der Ideenbewertung lässt sich strukturieren, und zwar in dieser Reihenfolge: ausmisten, clustern, bewerten, bilanzieren sowie gegebenenfalls Lücken füllen oder gar komplett neu weitersuchen (vgl. hierzu Kapitel 6 „Der kreative Prozess“).

IDEEN

↓

AUSMISTEN

CLUSTERN

BEWERTEN

BILANZIEREN

LÜCKEN FÜLLEN

AUSMISTEN

Beginnen Sie also mit dem Ausmisten. Streichen oder löschen Sie alle irrelevanten Notizen. Das sind sowohl Dopplungen als auch unverständliche Notizen („Schüsselquaste“, „Bohrschlamm“) sowie Allgemeinplätze („Wohlfühl-Lounge“, „Cooles Intro“) oder Eventklischees („Gänsehaut“, „emotional“). So lichtet sich das Dickicht und gibt den Blick auf die wesentlichen Beiträge frei.

Beim Ausmisten werden Sie sich bei den meisten Punkten leichttun. Sie werden aber auch auf Notizen stoßen, bei denen Sie kurz innehalten. Achtung: Da könnte es unter Umständen interessant werden, insbesondere bei Dingen, die Ihnen abwegig, verrückt oder unpassend erscheinen. Ihr Zögern könnte ein Indiz sein, zur Prüfung eine sehr wichtige Frage zu stellen.

Die Frage: „Warum nicht?“ – sie ist in der Lage, ungeheures kreatives Potenzial freizulegen und hat uns in vielen kreativen Prozessen ein großes Stück weitergebracht. „Warum nicht?“ kann Denksilos und Tellerränder überwinden, neue Spielfelder erschließen und Themenfelder eröffnen, an die Sie bislang nicht zu denken gewagt haben. Und genau darum geht es im kreativen Prozess. Etwas zu wagen. Mut zu haben. Neue Wege zu gehen. Ihre Auftraggeber werden es Ihnen (nach unserer Erfahrung zumindest mittelfristig) danken. Machen Sie sich immer klar: Denken und aufschreiben dürfen Sie erst mal alles. Im kreativen Prozess wird dafür niemand bestraft – im Gegenteil: Denkverbote sind hier verboten. Also: Stellen Sie sich im Zweifel die Frage „Warum nicht?“ und retten Sie die vermeintlich „verrückte“ Idee. Streichen können Sie im Zweifel später immer noch.

CLUSTERN

Das Clustern Ihrer Ideen hilft Ihnen dabei, den Überblick zu behalten und Lücken zu identifizieren. Je nachdem, welche Kreativitätstechnik Sie zur Ideenfindung nutzen, können Sie Ideen, Ansätze und Vorschläge auch schon im Prozess ordnen, wie zum Beispiel beim Brainstorming. Bei Methoden wie 635 oder in digitalen Tools geschieht das Clustern nach dem Ausmisten. Ordnen Sie Ihre Ideen nach sinnvollen Kriterien, abhängig vom Eventprojekt, das Sie bearbeiten. Das könnten zum Beispiel Ideen für einzelne Programmbestandteile oder Eventphasen sein und natürlich ein Cluster für die übergeordnete Leitidee oder erste Arbeitstitel.

BEWERTEN

So, nun haben Sie sozusagen „die erste Pressung" vor sich und dürfen jetzt (und wie gesagt keinesfalls früher) endlich die Ideen auch kritisch diskutieren und bewerten. Damit das einigermaßen objektiv und systematisch abläuft, haben wir eine Methode entwickelt, die sich in rund 20 Jahren kreativer Arbeit herausgebildet hat: die INPER-Methode. Um zu bestehen, muss sich eine Idee einer mehrstufigen Prüfung unterziehen.

STUFE 1: INSPIRATIV

Fallen Ihnen bei dieser Idee ganz automatisch weitere Ideen ein, inspiriert die Idee zum Weiterdenken? Ein entscheidendes Indiz dafür, dass die Idee funktioniert und Potenzial hat.

STUFE 2: NEU

Ist die Idee für die Zielgruppe meines Events und die Branche, in der sie zu Hause ist, neu? Kann ich einigermaßen mit Sicherheit sagen, dass das so noch niemand erlebt hat?

STUFE 3: PASSEND

Passt die Idee zur Zielgruppe und zum Umfeld des Events? Ist eine Verbindung zu Ihrem Unternehmen, zu Ihrer Marke und zu Ihrem Produkt erkennbar?

STUFE 4: EINPRÄGSAM

Lassen sich aus der Idee positive Erlebnisse generieren, die helfen, die zu übermittelnden Botschaften im Gedächtnis der Zielgruppe zu verankern? Und ist die Idee „fotogen" und lässt sich idealerweise in einem „großen Bild" festhalten?

STUFE 5: RELEVANT

Hat die Idee eine Relevanz für Ihre Zielgruppe? Hilft sie Ihrer Zielgruppe bei der Lösung von Problemen?

Lassen Sie uns die INPER-Methode an einem Beispiel illustrieren. Erinnern Sie sich an die große Brille im Kapitel 8 „Überhöhen"?

ÜBUNG 15

Bitte schauen Sie (falls Sie es nicht schon in Kapitel 9 getan haben) unter folgendem Link[1] eine kurze Dokumentation zu diesem Event an. Welche Ergebnisse liefert die INPER-Methode?

Tools: Link, Film, Monitor und Sie

Zeitbedarf: 5 Minuten

In welchen Kategorien punktet das Event aus Ihrer Sicht?

1 https://t1p.de/grossebrille

LÜCKEN FÜLLEN

Sie haben die gesammelten Ideen für Ihr Projekt ausgemistet, geclustert und bewertet. Fühlen Sie sich gut aufgestellt? Können Sie sich vorstellen, aus dem Ergebnis ein tragfähiges Konzept zu entwickeln, das die Ziele Ihres Events erreichen kann? Wo sind gegebenenfalls noch Lücken zu füllen? An welchen Stellen sollten Sie eventuell noch mal eine Runde drehen? Diese Fragen gilt es zu beantworten und gegebenenfalls ein bis zwei weitere Brainstorming-Sessions anzusetzen.

NEU STARTEN

Wenn Sie mit den bisherigen Ergebnissen noch nicht zufrieden sind, hilft alles nichts: Starten Sie noch mal neu. Damit Sie sich nicht im Kreis drehen, wenn möglich mit frischen Kräften oder in veränderter Zusammensetzung. Und geben Sie sich, wenn möglich, ein bis zwei Tage zeitlichen Abstand zur nächsten Runde.

ZUM MITNEHMEN

Es ist nicht immer einfach, sich zu entscheiden, denn in der Regel mag man alle Ideen, die es bis hier geschafft haben. Unsere INPER-Methode hilft Ihnen dabei, sich zu entscheiden. Mit der Essenz, dem Destillat Ihrer Ideen drehen Sie dann am besten noch ein oder zwei Brainstorming-Runden. Dann dürfte es ein richtig gutes Eventkonzept werden. Wir drücken fest die Daumen.

13
BAUPLAN FÜR DAS EVENTKONZEPT.

Shift
Alt
Page Down
F11
Ctrl
Shift
J
M
D
S
M
N
H
V
U
A
M
K
S
Q
C

Bauplan für das Eventkonzept.

Das letzte Kapitel – und dann noch Nummer 13. Das kann nur so beginnen: Traurig, aber wahr – nur weil etwas im Querformat geschrieben wurde, ist es noch lange kein Konzept. Wir listen daher auf, was ein echtes Konzept enthalten muss, wie man es gut strukturiert und noch besser präsentiert. Ein Blick auf Moods, Illus, Scribbles, Zeit und Geld rundet dieses Kapitel ab.

Sie haben aus einem Haufen Ideen die besten herausgefiltert und bereits eine (grobe) Vorstellung, was das Besondere bei Ihrem Event ist, welches Format und welche Bestandteile Ihre Veranstaltung hat. Jetzt gilt es, den Inhalt Ihres Kopfes auch anderen Stakeholdern Ihres Projekts zugänglich zu machen. Mit anderen Worten: Sie brauchen ein Konzept.

Dazu noch ein paar grundsätzliche Anmerkungen. Ein Konzept ist zunächst einmal nicht an eine bestimmte Form gebunden. Allerdings hält sich im Corporate- und Agenturumfeld noch hartnäckig der Glaube, dass es sich bei jeder mehrseitigen Ideensammlung, die im Querformat in PowerPoint erstellt wurde, automatisch um ein Konzept handelt. Natürlich kann ein Konzept auch mittels eines Präsentationsprogrammes vermittelt werden, es bieten sich aber durchaus andere Formen an. Dazu später mehr.

Die entscheidenden Kriterien, wann wir von einem Konzept sprechen können, sind nicht formaler, sondern – Sie ahnen es – inhaltlicher Natur. Das Wort Konzept stammt vom lateinischen concipere ab, zu deutsch: auffassen, erfassen, begreifen, empfangen, sich vorstellen. Okay, aber wer soll etwas erfassen, begreifen und sich vorstellen? Zunächst natürlich mal Sie, denn Sie sollen es ja erstellen und präsentieren. Und dann Ihre Zuhörer, Ihre Auftraggeber, Ihre Kollegen, später auch Dienstleister, Lieferanten, Akteure und alle am Projekt Beteiligten. Es gilt also, das, was Sie im Kopf haben, so aufzubereiten, dass jede und jeder versteht, was Sie vorhaben, was die leitende Idee dahinter ist – und natürlich, warum das alles richtig gut ist.

Dazu passt folgende Definition: „Eine Konzeption ist eine umfassende Zusammenstellung der Ziele und der daraus abgeleiteten Strategien und Maßnahmen zur Umsetzung eines größeren und deshalb strategisch zu planenden Vorhabens.“[1]

Was gehört also in ein schlüssiges Live-Kommunikations-Konzept, das diesen Namen verdient?

Briefing, Ziele, Rahmendaten.

Herleitung, Grundidee.

Umsetzung der Idee, Visualisierung.

Machbarkeit, Kosten.

Eventuell: grobes Timing.

1 Quelle: https://de.wikipedia.org/wiki/Konzeption_(Sozialpädagogik)

Beginnen wir ganz vorne. Im ersten Abschnitt holen Sie zunächst Ihre Leserinnen oder Zuhörer ab. Worum geht es? Was ist der Anlass? Warum planen Sie zu diesem Anlass ein/e/en Event/Konferenz/Kongress/Incentive/Festival/Messe etc.? Welches sind die Ziele, wer ist die Zielgruppe? Wann, wo, wie lange findet es statt und mit wie vielen Gästen? Kurz und knapp, in Stichpunkten oder auch als Infografik.

Im zweiten Abschnitt wird es ernst. Hier geht es darum, Ihre Idee bestmöglich zu verkaufen. Gehen Sie hier unbedingt dramaturgisch vor. Fallen Sie also nicht gleich mit der Tür ins Haus, sondern skizzieren Sie zunächst das Problem und erst dann die Idee, mit deren Hilfe Sie dieses Problem lösen wollen. Wir haben ja in Kapitel 12 schon über die Bewertung von Ideen und den dafür zugrunde liegenden Kriterien gesprochen. Allerspätestens jetzt, bei der Formulierung von Problem und Idee als Lösung, wird sich herausstellen, ob Ihre Leitidee wirklich funktioniert.

Sie sehen an dieser Stelle, wie wichtig es ist, im Vorfeld das tatsächlich zugrunde liegende Problem[2] identifiziert und klar benannt zu haben. Damit haben Sie den Grundstein für schlüssige Ideen gelegt, die sich in Ihrem Konzept überzeugend verkaufen lassen.

Dazu das Beispiel, das wir in Kapitel 8 schon angerissen haben: Für einen Kunden aus der Finanzbranche hatten wir den Auftrag, die Fusion des Unternehmens mit einem bisherigen Wettbewerber mit einem standesgemäßen Event zu feiern. Das Hauptproblem: recht unterschiedliche Kulturen, international versus bayerisch-bodenständig. Einer der Partner wurde vom anderen als arrogant, elitär und abgehoben wahrgenommen.

Wenn das Problem so klar beschrieben wird, kann man stringent und folgerichtig die Idee zur Lösung präsentieren. Unter dem einprägsamen Titel „Faces of a new company" verspricht das Konzept (und natürlich später auch das eigentliche Event) den Abbau von Barrieren über die gesamte Veranstaltung hinweg. Chefs begrüßen jeden Mitarbeiter persönlich und schenken Champagner ein, Bilder aller Mitarbeiter ergeben den Firmennamen, alle sitzen gemeinsam an nur einem Tisch, Reden erfolgen nicht „von oben", sondern am Tisch wie bei einer Familienfeier. Dazu atmosphärische Projektionen von den internationalen Standorten statt austauschbarer Show; und jeder Gast nimmt am Ende sein Porträt auf Leinwand gemalt zur Erinnerung mit. Problem benannt, das Konzept leitet die Lösung des Problems für jeden nachvollziehbar ab und be-beispielt die Leitidee. Fertig.

2 Warum wir bei der Eventkonzeption Probleme lieber mögen als Herausforderungen, vgl. Kapitel 2.

Im dritten Abschnitt Ihres Konzepts zeigen Sie also auf, wie Sie Ihre Leitidee umsetzen und über die gesamte Veranstaltung „durchdeklinieren". An welchen Stellen wird sie erlebbar? Auf welchen Sinneskanälen? Wo und wie sehen, hören, riechen, schmecken und fühlen Ihre Gäste den roten Faden?

Falls Sie inhaltlich schon so weit sind (und es zum Verkaufen Ihrer Idee hilft), illustrieren Sie die Leitidee beispielhaft an Touchpoints und Eventbestandteilen. Zum Beispiel am Save the Date, der Einladung, der Anreise. Von Location, Begrüßung, Programm, über Eventdesign, Catering, Messebau, Atmosphäre, Tonality bis hin zu Farewell und Follow-up. Machen Sie dies in Ihrem Konzept beispielhaft sicht-, hör- und begreifbar – durch Visualisierungen, Audioinhalte, Material- und gegebenenfalls Duft- und Geschmacksproben.

Aber Vorsicht! Das ist eine Gratwanderung. Mit Beispielen und Visualisierungen macht man sich angreifbar. Kennen Sie die Person(en), vor denen Sie präsentieren? Haben die Fantasie, Vorstellungskraft und Abstraktionsvermögen? Wenn nicht, Vorsicht! Es geht um das Begreifen der großen Leitidee. Nicht um das Geschmäcklerische bei der Umsetzung. Wenn Sie unsicher sind, gehen Sie besser nicht zu sehr ins Detail beziehungsweise halten Sie die Beispiele noch etwas vage.

Apropos: An dieser Stelle kommen wir wie versprochen auf die Form des Konzepts zurück. Am mit Abstand gebräuchlichsten ist sicher auch bei Ihnen die Microsoft PowerPoint-Präsentation (deutlich besser: die Apple Keynote-Präsentation). Weil es bequem und effizient erscheint, meistens auch in ein und derselben Version sowohl für die Live-Präsentation vor Publikum als auch für das Hand-out zum Lesen und Weiterleiten.

Kann man machen, aber bei größeren, strategisch wichtigen Projekten empfehlen wir zwei Versionen. Das Hand-out können Sie gerne auf Basis von PowerPoint erstellen.

Gehen Sie für die Präsentation vor Publikum dagegen ruhig auch mal neue Wege. Statt Chart für Chart an die Wand zu projizieren, können Sie Ihre Visuals zum Beispiel wie in einer Ausstellung auf großformatigen Bildern zeigen und Ihre Zuschauer wie auf einer Vernissage von Exponat zu Exponat führen. Reichern Sie Ihre Führung mit den oben genannten multisensorischen Proben an. Damit involvieren und beschäftigen Sie Ihr Publikum. Verzichten Sie außerdem weitestgehend auf geschriebenen Text – so bekommen Sie die maximale Aufmerksamkeit – statt permanent durchs Mitlesen abgelenkte Zuhörer.

ÜBUNG 16

Was fällt Ihnen alternativ zum gerade genannten Beispiel ein? Überlegen Sie, wie Sie bei Ihrer nächsten Konzeptpräsentation Ihre Auftraggeber mit Form und Art überraschen und überzeugen können.

Tools: Stift und verrückte Gedanken

Zeitbedarf: 5 Minuten

Statt eines 08/15-Präsentationsprogramm nutze ich:

Alternative Präsentationsformen sind für Ihr laufendes Projekt zu aufwendig, Sie haben keine Zeit oder Ihre Firmenkultur erlaubt das nicht (schade, kann man das ändern)? Dann legen Sie Ihre Präsentation zumindest mit getrennten Text- und Bildcharts an. Die Texte blenden Sie für Ihre Live-Präsentation einfach aus[3] und sprechen zu möglichst großformatigen Bildern, Renderings, Zeichnungen oder Moodboards.

Noch ein Tipp zum Thema Visualisierung: Zeigen Sie, welche „perfekte Idealvorstellung" Sie im Kopf haben. Nutzen Sie dafür hochwertige Visuals. Für Fotos finden Sie diese in kostenlosen Bilddatenbanken[4]. Bei Hotels und Locations nutzen Sie deren von Profis erstellten Bilder und bitte nicht Ihre eigenen Schnappschüsse aus dem Location-Check. Die mögen zwar näher an der Realität sein, werden aber deutlich schlechter „verkaufen".

Und sollten Ihre Auftraggeber noch nicht an Renderings gewöhnt sein, umso besser. Erziehen Sie sie stattdessen zu Moodboards oder Scribbles.

Ein gutes Moodboard, das die von Ihnen gewünschte Atmosphäre in einer Zusammenstellung von einzelnen Bildern (wo Sie die finden, siehe oben) zeigt, lässt sich schneller (und weitaus günstiger, selbst wenn Sie einen Designer beauftragen) erstellen. Wenn Sie ein Raum-Set-up unmissverständlich kommunizieren wollen, ist ein Scribble, eine Zeichnung oder eine Illustration in den meisten Fällen völlig ausreichend. Wir sind große Fans von Zeichnungen, weil sie den Blick auf das Wesentliche lenken und Nebenkriegsschauplätze wie Farben, Texturen oder Logogrößen – die in fotorealistischen Renderings meist als Erstes diskutiert werden und so von der eigentlichen Idee ablenken – ausblenden.

In vielen Eventkonzepten findet man zudem aufwendige Illustrationen, auf denen Eventgäste beispielsweise plaudernd mit Sektgläsern in der Hand zu sehen sind. Jeder, der schon mal auf einer Veranstaltung war, kann sich das aber auch gut ohne Visualisierung vorstellen. Stellen Sie besser Situationen dar, die sich die Adressaten Ihrer Präsentation kaum oder im schlimmsten Fall falsch vorstellen können.

Nun zum vierten Abschnitt Ihres Konzepts, den Aussagen zu Machbarkeit und Kosten. Auch wenn Sie im frühen Stadium der Ideenfindung erst einmal „frei" gedacht haben, hatten Sie sicherlich die limitierenden Faktoren im Hinterkopf. Das haben auch Ihre Auftraggeber – und so gilt es, die Frage zu beantworten, ob sich Ihre Idee innerhalb der vorgegebenen Rahmen-

3 Die ausgeblendeten Textcharts können Sie sich dafür auch als „Moderationskarten" ausdrucken.
4 Zum Zeitpunkt der Drucklegung waren das zum Beispiel Unsplash oder Pixabay.

bedingungen realisieren lässt. Antizipieren Sie die wichtigsten Fragen und liefern Sie dazu die entsprechenden Antworten. Ist die Location am avisierten Termin frei? Plus ein bis zwei Aufbautage? Hat das vorgestellte Hotel die benötigte Zimmeranzahl bestätigt? Passt das zu präsentierende Produkt durch die Tür? Und: Ist das, was Sie vorgestellt haben, innerhalb des veranschlagten Budgets zu realisieren? In dieser Phase des Projekts können Sie naturgemäß noch keine hundertprozentig treffsichere Kalkulation liefern, aber auf plus/minus 20 Prozent Abweichung sollten Sie die Umsetzung bereits durchgerechnet haben.

Zu guter Letzt gehört in Ihr Konzept ein grobes Zeitgerüst. Was sind die nächsten Schritte (vor allem die, die drängen), welche Meilensteine müssen zu welchem Zeitpunkt erledigt sein? In welchen Intervallen trifft sich wer zu gemeinsamen Abstimmungsrunden? Auch hier empfiehlt sich eine visuell leicht fassbare Darstellung in Form eines Milestone-Plans oder sogar einer gestalteten Infografik. Letztere liefert neben den entscheidenden Daten auch einen schönen Gesamtüberblick über das Projekt.

ZUM MITNEHMEN

Viele gute Ideen erblicken nicht das Licht der Welt, da sie schlecht oder unter Wert verkauft werden. Dabei ist es kein Hexenwerk, eine gute Präsentation zu erstellen und erfolgreich an den Mann und die Frau zu bringen. Das Problem aus Kapitel 2 ist wieder mal Dreh- und Angelpunkt, denn ein gutes Konzept erklärt einfach, wie es das Problem, das ja allen unter den Nägeln brennt, löst. Übrigens: Wenn Sie es sich zutrauen, dürfen Sie Ihr Konzept auch auf der berühmten Serviette präsentieren. Oder live auf ein Flipchart malen. Nur vorher üben, üben, üben. Damit Ihr Konzept ganz sicher zur Umsetzung kommt.

14
DANKE.

DANKE.

Zuerst Ihnen, liebe Leser. Danke, dass Sie dieses Buch gekauft und sich mit uns auf die Reise zu wirkungsvollen Eventkonzepten gemacht haben.

Dann Ihnen, liebe Kunden und Absolventen unserer Masterclass. Vieles von dem, was wir in den letzten Jahrzehnten umsetzen konnten, ist im Dialog mit Ihnen entstanden. Und auch wenn wir als Referenten bei unseren Seminaren vorne stehen, nehmen wir doch ganz viel von Ihrem Input mit und versuchen daraus allgemeingültige Regeln und praxisrelevante Tipps abzuleiten. Und alle paar Jahre auch ein Buch, das unsere Branche inhaltlich und auch akademisch weiterbringt.

Herzlichen Dank auch an alle, die konkret an der Entstehung und Produktion dieses Buches beteiligt waren. Auf der zweiten Seite sind sie namentlich genannt, bis auf Stefanie Zweifel und Sebastian Moser. Die kennen unsere Stammleser schon vom ersten Buch. Stefanie, früher Senior Projektleiterin in einer unserer Agenturen, ist immer die Erste, die so ein Buch lesen darf. Und dann schonungslos sagt, was gut und was Käse ist. Sebastian Moser steht seit gefühlt 15 Jahren hinter uns. Die Formulierung „Mann für alle Fälle" ist einem Volljuristen nicht angemessen, aber tatsächlich kann er alles, was wir nicht können.

Bleibt noch der Dank an unser privates Umfeld. Auch wenn wir dieses Buch – anders als der ein oder andere Romanautor – nicht über Monate und Jahre unter Entbehrungen und Vernachlässigung unserer Liebsten geschrieben haben, haben sie uns stets den Rücken gestärkt und sogar den ein oder anderen Autorenausflug in die Sonne unterstützt. Matthias sagt einmal danke, Tobias dreimal.

ÜBER DIE AUTOREN.

Matthias Kindler und Tobias Wannieck sind sich vor fast 30 Jahren zum ersten Mal begegnet. Im Auftrag der Umweltschutzinitiative Artists United for Nature überreichten sie 1994 der damaligen Umweltministerin Angela Merkel knapp eine Million Unterschriften für einen „ökologischen Marshallplan“ gegen die Klimakatastrophe. Auf Thermo-Faxpapier ausgedruckt, aus heutiger Sicht nicht ganz ideal, aber etwas anderes gab es damals kaum.

Seither arbeiten die beiden fast ununterbrochen zusammen. Zuerst als Berater, dann als Unternehmer und mehrfache Agenturgründer (heute heißt das viel schicker Serial Founder). Seit gut zehn Jahren geben sie nun ihr Wissen und ihre Erfahrung als Dozenten in der Masterclass Event & Marketing und in Inhouse-Schulungen an Eventverantwortliche aus (DAX-)Konzernen, dem Mittelstand, Verbänden und Agenturen weiter. Mehrere Tausend Absolventen, 99% Zufriedenheit und das breiteste Weiterbildungsangebot für die Branche haben die Masterclass so erfolgreich gemacht.

Neben ihrer Leidenschaft für Events, die bei den Gästen tatsächlich Wirkung hinterlassen, verbindet sie noch das ein oder andere mehr. Beide sind, eher unüblich für die Branche, von Hause aus Kaufleute mit Diplom beziehungsweise MBA. Und wenn Sie das Buch aufmerksam gelesen haben, dürften die beiden daher eigentlich gar nicht kreativ sein. Sind sie aber. Was nicht nur mehr als 50 international anerkannte Kreativpreise beweisen. Beide gehören zu den erfahrensten Juroren im Bereich der Live-Kommunikation und haben dort seit vielen Jahren das Vergnügen (aber auch die große Verantwortung), über die Arbeit von Kollegen zu urteilen.

Beide leben in München, auch wenn Matthias Kindler in letzter Zeit viel Zeit in seinem zweiten Zuhause auf Mallorca verbringt. Während Tobias Wannieck noch sehr aktiv Eventkonzepte entwickelt, Firmen und Agenturen berät, konzentriert sich Matthias Kindler hautsächlich auf Keynote-Vorträge im In- und Ausland.

Dies ist das erste Buch von Tobias Wannieck und bereits das zweite von Matthias Kindler. Und beide planen schon das nächste.

www.matthiaskindler.com, www.wannieck.com